WISSENSCHAFTLICHE ERGEBNISSE

DER SCHWEDISCHEN SÜDPOLAR-EXPEDITION

1901—1903

UNTER LEITUNG VON Dr. OTTO NORDENSKJÖLD

BAND III. LIEFERUNG 6

LES CÉPHALOPODES NÉOCRÉTACÉS

DES ÎLES

SEYMOUR ET SNOW HILL

PAR

W. KILIAN et P. REBOUL

AVEC 20 PLANCHES

STOCKHOLM

LITHOGRAPHISCHES INSTITUT DES GENERALSTABS

1909

A. ASHER & CO   HAAR & STEINERT, A. EICHLER, SUCC:R   DULAU & CO

BERLIN W   PARIS   LONDON W

Les Céphalopodes Néocrétacés des îles Seymour et Snow-Hill

d'après les matériaux recueillis par l'Expédition antarctique Suédoise

par

W. KILIAN

Professeur à la Faculté des Sciences de l'Université de Grenoble

et

P. REBOUL

Conservateur des Collections géologiques à la Faculté des Sciences de l'Université de Grenoble.

Introduction.

Les matériaux étudiés dans ce travail ont été recuillis de 1902 à 1903 par les membres de l'Expédition antarctique suédoise dirigée par le Professeur O. NORDEN-SKJÖLD et nous ont été confiés, en vue d'une étude monographique, par M. le Professeur J. GUNNAR ANDERSSON. Les résultats provisoires de notre étude ont été résumés dans une note préliminaire présentée le 29 janvier 1906 à l'Académie des Sciences de Paris,[1] où nous avons fait ressortir la grande analogie de cette faune de Céphalopodes avec la faune néocrétacée de l'Inde si brillament réservée par M. KOSSMAT après les travaux classiques de STOLICZKA et de BLANFORD.[2]

Les échantillons au nombre de 369 proviennent de gisements découverts par l'Expédition NORDENSKJÖLD dans les iles Seymour, Snow-Hill et Cockburn situées au Sud-Est de l'île James Ross près de la Terre de Graham (région antarctique) aux environs du 57° méridien O de Greenwich et au Sud du 64° parallèle.

---

[1] Comptes rendus de l'Académie des Sciences Paris 29 janvier 1906: W. KILIAN. Sur une faune d'Ammonites néocrétacée, recueillie par l'Expédition antarctique suédoise. — Le contenu de cette note a été reproduit par M. J. GUNNAR ANDERSSON dans: Geology of Graham Land. Uppsala (1906).

[2] Il convient de faire remarquer que l'étude de faunes aussi spéciales n'a pu être faite que grâce aux ressources bibliographiques qu'offre, en ce qui concerne les Ammonitides crétacées, la Bibliothèque de l'Université de Grenoble.

Le plus grand nombre d'entre eux sont contenus dans des rognons ou «miches»[1] de grès brunâtre, faisant effervescence avec les acides, et sont à l'état de moules calcaires internes; d'autres, en partie munis de leur test nacré, sont engagés dans un calcaire d'un rouge brunâtre (localités 1 et 2 de Snow-Hill au Sud et près de la station) contenant de nombreuses sections de Polypiers. Enfin une autre catégorie encore comprend des échantillons en grande partie pourvus de leur test et entourés d'une gangue marnocalcaire grise; ces derniers portent l'indication: «Seymourön» et semblent appartenir à un horizon spécial développé surtout au cap Bodman.

L'étude de ces matériaux ainsi que les reproductions photographiques destinées à l'établissement des planches ont été faites au Laboratoire de Géologie de la Faculté des Sciences de Grenoble au moyen des ressources bibliographiques, des collections et des appareils de cet établissement, et avec l'aide de M. PAUL REBOUL auquel je suis heureux d'exprimer ici toute ma reconnaissance pour le concours constant et efficace qu'il n'a cessé de me prêter dans le cours de la préparation et la rédaction du présent mémoire. Je rappellerai également que M. CH. JACOB, a mis à notre disposition, à titre d'éléments de comparaison, quelques-unes des lignes suturales d'Ammonitides du Crétacé moyen qui ont fait l'objet de ses recherches spéciales.

Grenoble, Laboratoire de Géologie. Juin 1908.

W. Kilian.

---

[1] Notamment dans la localité 2 de Snow-Hill, au NE. de la Station.

Liste bibliographique des principaux ouvrages consultés. [1]

1812—1830. J. SOWERBY. The Mineralogy Conchyliology of Great Britain. — London.

1834. H. MICHELIN. Magasin de Zoologie. — Paris.

1838. H. MICHELIN. Note sur une argile dépendant du Gault observée au Gaty, (in Mémoires de la Société géologique de France 1ère Série, T. III.) Paris.

1840—42. A. D'ORBIGNY. Paléontologie française. Terrains Crétacés. Tome I. Céphalopodes et Supplément. — Paris.

1845—46. E. FORBES. Report on the Fossil Invertebrata from Southern India. — (in Transactions of the geological Society of London, IIe Série, Vol. VII. Part. III. Art. V.) London.

1847—53. J. F. PICTET et W. ROUX. Mollusques fossiles des Grès verts des environs de Genève. — Genève.

1853—55. D. SHARPE. Mollusca of the Chalk. — (Palaeontogr. Society, Vol. VII—IX). — London.

1858—59. F. VON HAUER. Die Cephalopoden der Gosaugebirge. — (in Beiträge zur Palaeontographes Österreichs, etc. 1.). — Wien. — ID. Neue Cephalopoden der Gosaugebilde. — (Sitzb. d. k. Ak. 1866.)

1864—69. W. M. GABB. Description of the cretaceous Fossils of California. — (in Geological Survey of California, Palaeontology. Vol. I. Section VI, Vol. II (1869).). — Philadelphia.

1873. FR. SCHMIDT. Die Petrefakten der Kreideformation von der Insel Sacchalin. — (in Mémoires de l'Académie imp. des Sciences. Série VII. T. XIX. Nᵒ 3). — St-Pétersbourg.

1876. E. BAYLE. Fossiles principaux des terrains, pour servir à l'explication de la Carte géologique de France. — (in Mém. Expl. Carte géol. de Fr. tome IV). — Paris.

[1] V. aussi les listes bibliographiques plus complètes dans les ouvrages de MM. KOSSMAT et YABE. — (travaux de Sharpe, Simionescu, Uhlig, Schlüter, Roemer, Wood, White, Gabb, Whitfield, Whiteaves, Stanton, White, Etheridge. Baily, Merriam, Redtenbacher, Quenstedt, Neumayr, Naumann, Michael, Krausse, Kossmat (1897), Laube, Paulcke, Kaye. Bruder, Koken, Hyatt, de Grossouvre, Griesbach, A. Fritsch u. U. Schloenbach, Brauns, Boule, Peron, Foote, Choffat, J. Boehm, Anderson, etc, etc —)

1876. F. B. MEEK. Invertebrate Cretaceous and Tertiary Fossils of the Upper
    Missouri Country. — (in Rep. U. S. Geol. Survey, l. c. of the Territories.
    Vol. IX.). — Washington.
        J. F. WHITEAVES. On some Invertebrates from the Coal-Bearing Rocks of
    the Queen Charlotte Islands, coll. by J. Richardson in 1872. — (in Geol. and
    nat. hist. Survey of Canada. Mesozoic Fossils. Vol. I. Part I). — Montréal 1876.
1879. J. F. WHITEAVES. On the fossils of the Cretaceous Rocks of Vancouver
    and adjacent Islands in the strait of Georgia. — (in Geological Survey of Ca-
    nada. Mesozoïc Fossils. Vol. I. Part. II). — Montréal 1879.
1883. V. UHLIG. Die Cephalopoden der Wernsdorfer-Schichten. — (in Denk-
    schriften der K. K. Akademie der Wissenschaften. Band XLVI. — Wien.
1884. J. F. WHITEAVES. On the Fossils of the Coal-Bearing Deposits of the
    Queen Charlotte Islands coll. by Dr. G. M. DAWSON in 1878. — (in Geological
    Survey of Canada Mesozoïc Fossils. Vol. I. Part. III.). — Montréal.
1865—1886. BLANFORD and STOLICZKA. The fossil Cephalopoda of the Cretaceous
    Rocks of Southern India (Palæontologia indica). — Calcutta.
1890. J. SEUNES. Contribution à l'étude des Céphalopodes du Crétacé supérieur
    de France — (in Mémoires de Paléontologie de la Société géologique de France
    N° 2. — Paris.
        WHITE. — On certain meosozoic Fossils from the Isle of St-Paul and St-Peter
    in the strait of Magellan. — Washington. — (in Proc. U. Stat. Nat. Museum,
    XIII.)
        MATAJIRO YOKOYAMA. Versteinerungen aus der japanischen Kreide (— in
    Palæontographica. Band XXXVI). — Stuttgart.
1890—94. R. NICKLÈS. Contribution à la Paléontologie du Sud-Est de l'Espagne
    — (in Mémoires de Paléontologie de la Société géologique de France N° 4
    [suite]). — Paris).
1893. DE GROSSOUVRE. Les Ammonites de la Craie supérieure. — (in Mémoires
    pour servir à l'explication de la Carte géologique de France. — Paris.
1893. T. W. STANTON. The Fauna of the Shasta- and Chico-Formations — (in
    Bull. Geol. Soc. America. Vol. IV.)
1894. T. W. STANTON and J. S. DILLER. The Shasta-Chico Series. — (in Bull.
    Geol. Soc. America. Vol. V.)
        K. JIMBO. Beitraege zur Kenntniss der Fauna der Kreideformation von
    Hokkaidó. — (in Pal. Abh. Band VI, [Neue Folge. Bd. II]. Heft 3). — Jena.
1895. T. W. STANTON. Contribution to the Cretaceous Palæontology of the Pacific
    Coast: The Fauna of the Knoxville Beds. — (Bull. U. S. Geol. Surv. N° 133.)
        G. STEINMANN, W. DEECKE und W. MÖRICKE. Das Alter und die Fauna der
    Quiriquina-Schichten in Chile (in Beitr. zur Geol. und Palæontol. von Südamerika

etc. v. Dr G. Steinmann, III. Neues Jahrb. für Min. etc. Beilage-Band X. — Stuttgart 1895).

J. F. Whiteaves. On some Fossils from the Nanaimo Group of the Vancouver Cretaceous. — (in Trans. Roy. Soc. Canada. 2 Series. Vol. I. Sect. IV.)

1895—98. Fr. Kossmat. Untersuchungen über die Südindische Kreideformation. — (in Beiträge zur Palæontologie und Geologie Oesterreich-Ungarns. Band IX). — Wien und Leipzig.

1897. K. Gerhardt. Beiträge zur Kenntniss der Kreideformation in Venezuela und Peru. Beiträge zur Kenntniss der Kreideformation in Columbien (Beitr. z. Geol. u. Pal. v. Südamerika v. G. Steinmann). — (in Neues Jahrbuch für Mineralogie und Palæontologie. Band XI). — Stuttgart.

1900. J. Anthula. Über die Kreidefossilien des Kaukasus — (in Beiträge zur Palæontologie und Geologie Oesterreich-Ungarns, Band XII). — Wien und Leipzig.

1901. J. F. Whiteaves. Note on a supposed New Species of Lytoceras from the Cretaceous Rocks at Dennyrn island. — (in Trans. Roy. Soc. Canada, Vol. I, Sect. IV; Naturalist. Vol. XV N° 2). — O Hawa.

1901—1902. H. Yabe. Not on three Upper Cretaceous Ammonites from Japan outside of the Hokkaidó — (in Journ. Geol. Soc. Tókyó, Vol. VIII—IX.).

1902. H. Yabe. Note on Some Shark's Teeth from the Mesozoïc of Japan — (in Journ. Geol. Soc. Tókyó. Vol. IX N° 110.).

Frank M. Anderson. Cretaceous deposits of the Pacific Coast. — (in Proceedings California Ac. of Sciences, 3e Série, T. II, N° 1 (Geology). — San Francisco) 12 Pl.

1903. J. F. Whiteaves. On some additional Fossils from the Vancouver Cretaceous with a revised list, of the Species therefrom. — (in Geological Survey of Canada. — Mesozoic Fossils. Vol. I. Part V and last). — Ottawa 1903.

Stuart Weller. Stokes collection of antarctic Fossils. — (in Journal of Geology, Vol. XI). — Chicago.

P. Choffat. Contribution à la connaissance géologique des Colonies portugaises d'Afrique — (in publ. Services géologiques du Portugal). — Lisbonne.

W. Paulcke. Über die Kreideformation in Süd-Amerika und ihre Beziehungen zur anderen Gebieten (Beitr. z. Geol. u. Pal. v. Südamerika v. G. Heinmann). — (in Neues Jahrbuch für Mineralogie und Palæontologie. Band XVII). — Stuttgart.

1903—1904. H. Yabe. Cretaceous Cephalopodes from the Hokkaidò, Part. I, II. — (in Journal Coll. Sciences imp. Univ. Tokyo. Tókyó T. XVIII et XX.)

1904. O. Nordenskjöld. Au Pôle antarctique. — Flammarion—Paris.

1904. OTTO WILCKENS. Revision der Fauna der Quiriquina-Schichten — (in Neues
Jahrb. für Miner. und Paleont. Beilage-Band XVIII) — (in Beitr. z. Geol. u. Pal.
v. Südamerika v. G. Steinmann). — Stuttgart.

1905. OTTO WILCKENS. Die Meeresablagerungen der Kreide und Tertiaer-Formation in Patagonien (Beitr. z. Geol. u. Pal. v. Südamerika v. G. Heinmann). —
(in N. Jahrb. für Min., Geolog. und Pal. Beilage-Band XXI, p. 98). — Stuttgart.

CH. JACOB. Etudes sur les Ammonites et sur l'horizon statigraphique du
Gisement de Clansayes (Drôme). — (in Bulletin Société géologique de France
4ᵉ Série T. V). — Paris.

1906. HENRY WOODS. The Cretaceous Fauna of Pondoland (in Annals of the
South African Museum. Vol. IV). — London.

J. GUNNAR ANDERSSON. On the Geology of the Graham Land — (in Bulletin of the geological Institut of Upsala t. VII. 1906) — Uppsala.

P. LEMOINE. Etudes géologiques dans le Nord de Madagascar. — Paris.
(Thèse.)

W. KILIAN. Sur une faune d'Ammonites néocrétacée recueillie par l'Expédition antarctique suédoise. — (in Comptes rendus Acad. des Sciences, 29 Janvier 1906.) — Paris.

1906—07. BOULE, LEMOINE et THÉVENIN. Céphalopodes crétacés des environs
de Diégo-Suarez. — (in Annales de Paléontologie, 4ᵉ Fascicule). — Paris.

1907. R. NEUMANN. Beiträge zur Kenntniss der Kreideformation in Mittel Peru
(Beitr. z. Geol. u. Pal. v. Südamerika v. G. Steinmann). — (in Neues Jahrbuch
für Mineralogie und Palæontologie, Band XXIV. — Stuttgart.

CH. JACOB. Etudes paléontologiques et stratigraphiques sur la partie moyenne
des terrains crétacés dans les Alpes françaises et les régions voisines (Thèse). —
(Trav. Lab. Geol. Univ. de Grenoble, t. VIII). — Grenoble.

PERVINQUIÈRE. Etudes de paléontologie tunisienne I. Céphalopodes des terrains
secondaires. — (Protectorat français. Direction générale des Travaux publics.
Carte géologique de la Tunisie. — Paris.

G. C. Crick. Cretaceous Fossils of Natal. Part III. Cephalopoda. — (in
Geological Survey of Natal and Zululand). — London.

CH. JACOB. Etude sur quelques Ammonites du Crétacé moyen — (in Mémoires de Paléontologie de la Société géologique de France Nᵒ 38). — Paris.

1908. W. KILIAN. Analyse de: »Etudes de Paléontologie tunisienne I, Céphalopodes
des terrains secondaires» par Pervinquière — (in Revue Scientifique Nᵒ 14 [4
Avril 1908]). — Paris. ¹

---

¹ Voir aussi: J. P. SMITH. The Development of Lytoceras and Phyllogeny. (Proc. Calif. Acad. Sc.
3rd Series (Geology). Vol. I, Nᵒ 4. 1898.)

Tableau des groupes représentes.

Céphalopodes.

A. Nautiloidea

  I. **Nautilus** LINNÉ 1758 (Breyn. 1732).

B. Ammonoidea

  II. **Phylloceras** SUESS. 1865 (*Schlueteria* de Gross. 1893 p. parte).

  III. **Lytoceras** SUESS. 1865.
        s/g: *Gaudryceras* DE GROSSOUVRE 1893.
        s/g: *Tetragonites* KOSSMAT 1895.
        s/g: *Pseudophyllites* KOSSMAT 1895.

  IV. **Anisoceras** PICTET 1854 (*Hamites* p. parte).

  V. **Desmoceras** ZITTEL 1884.
        s/g: *Latidorsella* CH. JACOB 1907.
        s/g: *Hauericeras* DE GROSSOUVRE 1893.
        s/g: *Puzosia* BAYLE 1878.

  VI. **Kossmaticeras** DE GROSSOUVRE 1901 (*Holcodiscus* UHLIG 1883 pro parte).
        s/g: *Madrasites* KILIAN et REBOUL 1908.
        s/g: *Gunnarites* KIL. et REB. 1908.
        s/g: *Jacobites* KIL et REB. 1908.
        s/g: *Grossouvrites* KIL. et REB. 1908.
        s/g: *Grahamites* KIL. et REB. 1908.
        s/g: *Seymourites* KIL. et REB. 1908.

  VII. **Pachydiscus** ZITTEL 1884.
        s/g: *Parapachydiscus* HYATT 1901.

G. Belemnoidea

  VIII. (?) **Belemnites** LAMARCK 1801.

Description des Espèces.

A. Nautiloidea.

Nautilus Linné 1758 (Breyn. 1732).

Nautilus Blanfordianus Kilian et Reboul nov. sp.

Pl. I. Fig. 1 et 2.

1840.(?) *Nautilus Bouchardianus* d'Orbigny, (Pal. franc. Terr. Crét. Pl. XIII).
1865. *N. Bouchardianus* d'Orb. (in Blanford et Stoliczka, Crét. S. India Pl. IV et V).
1906. *N.* cf. *Bouchardianus* d'Orb. (in Boule, Lemoine et Thévenin, Céphalopodes de Diégo-Suarez.
     Pl. XV. Fig. 7.
1895.(?) *Nautilus subplicatus* Philippi (in Steinmann, Cephal. der Quiriquina-Sch. p. 65 (Pl. IV fig. 1—3).

Nous croyons devoir donner un nom spécial à cette forme figurée par Blanford et Stoliczka sous le nom de *N. Bouchardianus* d'Orb.; elle en diffère légèrement, en certains de nos échantillons, par des tours encore plus surbaissés que dans le type figuré par Blanford, et ne correspond pas complétement à l'espèce de d'Orbigny. Cette même forme a été citée et figurée par M. M. Boule, Lemoine et Thévenin (Céph. Diégo-Suarez, Pl. XV, fig. 7). Nos échantillons n'ont du reste pas une conservation suffisante pour que nous ajoutions quoi que ce soit à la description donnée par les auteurs cités.

Il est très probable que *Nautilus subplicatus* Philippi (in Steinmann, Cephal. Quiriquina, Pl. IV, fig. 1, 2, 3) est très voisine de notre espèce, sinon identique, ainsi du reste que les échantillons de la même région décrits sous le nom de *N. Orbignyanus* Forbes, *N. indicus* d'Orb., *N. Valenciennesi* Huppé, mais la mauvaise conservation de notre exemplaire ne nous permet ni une discussion synonymique ni une identification complète, notamment en ce qui concerne l'allure de la région ombilicale. On lira avec fruit les commentaires dont M. Steinmann (loc. cit. p. 84) a accompagné la description de *N. subplicatus* Phil.

Espèce connue du Sénonien de l'Inde (Couches de Trichinopoly, Aryaloor, Pondicherry) et de Madagascar. — En France la forme type de *N. Bouchardianus* d'Orbigny (Pal. franc. Terr. Crét. I, pl. XIII) se trouve dans le Gault (Wissant).

Gisement: Ile Seymour. Snow-Hill (localité 2).

Fréquence: Assez rare (2 échantillons).

Horizon habituel: Sénonien; Ambohimarena (Madagascar); Zululand (d'après Crick); Quiriquina (Chili) (*Naut. subplicatus* Phil.); Trichinopoly- et Aryaloorgroups (Inde méridionale).

B. Ammonoidea.

Phylloceras SUESS 1865.

Phylloceras Surya FORBES sp.

1845. *Am. Surya* EDW. FORBES. Trans. geol. Soc. London IIe série. Vol. VII, pl. VII, fig. 10.
1886. , , , BLANFORD et STOLICZKA, Cret. S. India, Pl. 58, fig. 5, p. 115.
1895. *Phylloceras Surya* FORBES sp. in KOSSMAT S. Ind. Kreideformation pl. XVI (II), fig. 1, p. 109 et 158.
1895. , , , sp. in STEINMANN, Ceph. d. Quiriquinasch. Pl. V, fig. 1, p. 79.

Gisement: Snow-Hill (localité 2).

Fréquence: Rare (1 échantillon).

Horizon habituel: Valudayoor-group (Inde méridionale). Sénonien de Quiriquina (Chili).

Phylloceras (Schlueteria?) ramosum MEEK. sp.

Pl. I, fig. 3 a, b.

1857. *Ammonites (Scaphites?) ramosus* MEEK, Trans. Alb. Inst. 4 p. 45.
1864. *Am. ramosus* MEEK., in Gabb, Geol. Survey of California. Paleontology, Vol. I, p. 65, pl. XI, fig. 4 et ol. XII, fig. 12, 12 b.
1876. *Phylloceras ramosum* MEEK sp., (Bull. U. S. geol. Surv. II, n° 4, 372, Pl. V, fig. 1, 1 a, 1 b).
1879. *Am. Velledæ* WHITEAVES (*pro parte*), Crét. Vancouver (MESOZ. FOSS.) Vol. I. Part. II p. 103.
1895. *Phylloceras ramosum* MEEK in STEINMANN, Cephalopoden der Quiriquinaschichten, Pl. V, fig. 4 a, b.
1906. *Phylloceras (Schlueteria) Velledæ* MICHELIN sp. (pro parte), in BOULE LEMOINE et THÉVENIN, Céph. Diégo-Suarez, p. 7, pl. I, fig. 6, 10, 11.

1840. Non *Am. Velledae* D'ORBIGNY, Terr. Crét., T I. Céphal., Pl. 82.
1835. Non *Am. Velledae* MICHELIN, Mag. de Zool. Pl. XXV.
1860. Non *Am. Velledae.* PICTET et CAMP., Terr. Crét. Ste-Croix. Vol I, p. 268 pl. XXXVI, fig. 8.

L'échantillon que nous rapportons à cette espèce est très analogue à ceux qu'ont figurés M. M. BOULE, LEMOINE et THÉVENIN (in Céph. Diégo-Suarez, pl. I, fig. 6, 10, 11) et CRICK (Zululand, pl. X, fig. 10—16, p. 166—169) sous le nom de *Phyll. Velledæ* MICH. sp. du Sénonien de Madagascar et de False-Bay dans le Zululand, mais il en diffère par une ligne cloisonnaire *beaucoup* plus *divisée*. Ses cloisons présentent en effet une quasi-identité avec celles représentées par M. STEINMANN pour le *Ph. ramosum* MEEK. de Quiriquina et ont le type qui caractérise le sous-groupe *Schlueteria* de M. DE GROSSOUVRE. [1]

Il convient peut-être de lui réunir *Phyll. bizonatum* FRITSCH sp. de la craie de Bohême et *Phyll. Velledaeforme* SCHLUET. sp. du Sénonien supérieur de l'Allemagne du Nord; *Phyll. Knoxvillense* STANTON, bien que spécifiquement différent, parait être du même groupe.

---

[1] DE GROSSOUVRE Ammonites de la craie supérieure (*loc. cit.*) p. 216.

Diamètre de l'exemplaire: 71 m/m.

Observations. Nous ne croyons pas que le véritable *Phylloceras Velledae* se rencontre à un niveau supérieur au Crétacé moyen, et nous pensons qu'il faut rapporter à *Phyll. ramosum* MEEK. la plupart des citations de *Ph. Velledae* du Crétacé supérieur de diverses contrées. Cette forme se distingue en outre du type de *Ph. Velledae* par sa forme plus comprimée et par sa ligne suturale notablement plus compliquée. On consultera utilement la discussion approfondie de ces caractères qui a été faite par M. STEINMANN (loc. cit. p. 80—84).

M. DE GROSSOUVRE a proposé de donner le nom de **Schlueteria** à un ensemble de formes dont fait partie notre espèce et dont la ligne suturale se fait remarquer par ses nombreuses subdivisions et l'élargissement moins phylloïde de ses selles secondaires, caractère qui, d'après lui, rapprocherait ce type de la ligne cloisonnaire des *Desmoceratidés* (*Puzosia*) et des *Pachydiscus*. Ce sont: *Schlueteria Pergensi* DE GROSS., *Schl. Larteti* SEUNES sp., *Schl. Velledaeformis* SCHLUET. sp,, *Schl. Rousseli* DE GROSS. (Amm. Craic sup. Pl. XXIV, fig. 2). — Cependant M. KOSSMAT et M. STEINMANN (loc. cit. p. 83) ont montré combien ce groupement, qui comprend des formes à sillons comme *Schl. Larteti* SEUNES et des formes sans sillons, et qui est uniquement basé sur la subdivision excessive des lobes, [1] est à leurs yeux, artificiel et injustifié.

Phylloceras Velledae SHARPE (non MEEK) (Mollusca of the Chalk, pl. XVII fig. 7, p. 39) appartient également au groupe de *Ph. ramosum* MEEK.

Fig. 1. Ligne suturale de Phylloceras ramosum MEEK d'après M. STEINMANN.

Notre échantillon présente nettement l'aplatissement spécial des flancs figuré par STEINMANN. La ligne cloisonnaire, caractérisé par la ramification excessive des cloisons, est également plus considérable que dans le type *Ph. Velledæ* et les terminaisons des selles sont moins élargies; l'aplatissement des flancs est également plus grand.

Gisement: Ile Seymour. Snow-Hill.

Fréquence: Rare (1 échantillon).

---

[1] C'est à dire sur un simple phénomène de convergence qui s'observe déjà chez *Ph. serum* Opp. du Tithonique.

Horizon habituel: Sénonien de Quiriquina (Chili), Japon, Sacchalin, Californie (Chico-group à *Pachydiscus*), Vancouver, Aryaloor-group (d'après STOLICZKA) et Ootatoor-group (d'après M. KOSSMAT) de l'Inde; Emschérien de la «Montagne des Français» et du Ravin de la Pierre (Madagascar); Emschérien du Pondoland, False-Bay (Zululand). Cité par MM. BOULE, LEMOINE et THÉVENIN, YOKOHAMA, GABB., STEINMANN, WHITEAVES etc. . . .; Sénonien supérieur de l'Allemagne du Nord (*Ph. velledæforme* SCHLUET. sp.). Dans l'Amérique du Sud, à Santa Fé de Bogota, se rencontre une espèce du même groupe: *Phylloceras Buchianum.*

Lytoceras SUESS 1865.

Sous-genre *Gaudryceras* DE GROSSOUVRE 1893. [1]

Groupe de **Lytoceras (Gaudryceras) Sacya** FORBES sp.

Lytoceras (Gaudryceras) multiplexum KOSSMAT.

1865. *Am. Sacya* FORBES var. *multiplexa* STOLICZKA, Cret. S. India p. 155 pl. LXXVI, fig. 1.
1873. »   »   var. *Sachalinensis* (pro parte), SCHMIDT. Petref. Sachalin p. 15, pl. 11, fig. 1, 2, 6.
1895. *Lyt. (Gaudryceras) multiplexum* KOSSMAT, S. Ind. Kreideformation p. 121, pl. XV (I), fig. 6.

Gisement: Snow-Hill.

Fréquence: Assez rare.

Horizon habituel: Emschérien, Ootatoor-group inférieur de l'Inde méridionale, Sacchalin, Japon, Ravin de la Pierre (Montagne des Français) à Madagascar; Vraconnien de Tunisie.

[1] La plupart des *Lytoceratidés* (*Gaudryceras* etc. . . .), *L. Kayei, L. Varagurense, L. mite, L. politissimum,* etc. . . . (les plus abondants dans les gisements antarctiques), se rencontrent habituellement à un niveau plus élevé que *Lyt. multiplexum* KOSSM. et *Lyt. Sacya* STOL. sp. qui paraissent représenter, dans les régions indopacifiques, les *Gaudryceras* les plus anciens *L. multiplexum* est cité du Vraconnien de Tunisie (Dj. Chirich); on le connait aussi de Madagascar, du Japon, de Sacchalin. — *Lyt. Sacya* STOL. sp., des couches d'Ootatoor (Cénomanien) de l'Inde, a été signalé à Madagascar (dans le Vraconnien); en Algérie (dans le Vraconnien d'après M. BLAYAC); dans les couches d'Horsetown et l'assise inférieure de Chico en Californie, dans l'Oregon et dans l'île de la Reine Charlotte, à Sacchalin, au Japon; M. SAYN l'a rencontré dans le Cénomanien du Tondu, près St-Étienne-les-Orgues (Basses-Alpes).

On doit à M. KOSSMAT une intéressante énumération des espèces connues de ce groupe (loc. cit. p. [17] 113) à laquelle nous renvoyons le lecteur.

En ce qui concerne l'origine de ces *Lytoceratidés* néocrétacés, l'un de nous (W. KILIAN) a signalé en 1901 (Trav. Lab. Géol. Univ. de Grenoble, t. V, p. 613) l'apparition du genre *Gaudryceras* et la fréquence des *Tetragonites* dans les dépôts du Gault à facié bathyal du S. E. de la France, de l'Algérie et des Baléares. On doit à M. CH. JACOB d'avoir étudié, depuis d'une façon fait complète les espèces albiennes de Lytoceratidés [*Gaudryceras, Tetragonites, Kossmatella* et *Jaubertella (Jauberticeras)*] et d'avoir montré, par une généalogie très précise, que ces groupes se différencient, dans le S. E. de la France, dès l'Aptien supérieur (Gargasien); leur origine est donc méditerranéenne; ils dérivent du groupe de *L. Numidum* COQ. (in SAYN).

Lytoceras (Gaudryceras) vertebratum KOSSMAT.

1865. *Am. Kayei* (pro parte) STOLICZKA, Cret. India, p. 156, pl. LXXVII, fig. 2.
1895. *Lyt. (Gaudryceras) vertebratum* KOSSMAT, S. Indische Kreideformation, p. 126, pl. XV (I), fig. 4, 5.

> *Gisement:* Snow-Hill.
>
> *Fréquence:* Rare.
>
> *Horizon habituel:* Ootatoor Group inférieur de l'Inde méridionale.

Lytoceras (Gaudryceras) Kayei FORBES sp.

1845. *Am Kayei* FORBES, Trans. geol. Soc. London, II, série VII. p. 101, pl. VIII, fig. 3.
1865.   »   » (FORBES) *p. parte* in STOLICZKA, Cret. Fauna of South India. Céph. p. 156, pl. 77, fig. 1.
1895. *Lyt. (Gaudryceras) Kayei* FORBES sp. in KOSSMAT, S. Ind. Kreideformation, p. 124, pl. XVI (III),
        fig. 5 a, b. pl. XVII (IV). fig. 2 a, b.
1895. *Lytoceras Kayei* (FORBES) in STEINMANN, Ceph. d. Quir. Sch. p. 86, pl. V, fig. 5 a, 5 b.

La synonymie de cette espèce a été donné par MM. KOSSMAT et STEINMANN;
nos échantillons sont absolument conformes à leurs descriptions et au figures publiées
de cette espèce; il en est de même de la ligne suturale, (STEINMANN, loc. cit.,
p. 17, fig. 8.)

> *Gisement:* Snow-Hill.
>
> *Fréquence:* Rare.
>
> *Horizon habituel:* Horizons des Ootatoor-, Trichinopoly- et Valudayur-groups

(Inde méridionale); Sénonien de Quiriquina (Chili); Vancouver, Canada, Sacchalin,
Japon (*Lyt. Jukesii* WITH. non SHARPE), Natal, Algérie; Santonien des environs de
Constantine Tunisie centrale (Santonien du Dj. Selbia).

Chico-group de Mount Diablo (Californie); Sénonien d'Europe. — Dans le Sénonien du Japon, se rencontre une espèce voisine: *G. tenuiliratum* YABE. D'après
KOSSMAT., *Lyt. planorbiforme* BOEHM. sp., de la Craie supérieure de Bavière, est
également très voisin de *Lyt. Kayei* FORB. sp.

Lytoceras (Gaudryceras) Varagurense KOSSMAT.
Pl. I, fig. 6.

1853. (?) *Am. Jukesii* SHARPE, Moll. of Chalk, London, p. 53, pl. XXIII, fig. 11.
1895. *Lyt. (Gaudryceras) Varagurense* KOSSMAT, S. Ind. Kreideformation, p. 122, pl. XVII, fig. 9,
        pl. XVIII (IV), fig. 2.

Diamètre de l'échantillon: 118 m/m.

Nous rapportons à cette espèce très voisine de *Gaudryceras Sacya* FORB. sp. et
et de *G. mite* v. HAUER sp. un magnifique échantillon de l'île Seymour qui présente
tous les caractères de l'espèce de M. KOSSMAT; cependant la couche externe du test
a disparu, les cloisons sont visibles, mais les stries fines, qui constituent, d'après l'auteur autrichien, l'ornementation de la coquille, n'ont pas été conservées; on remarque

cependant quelques in- dications de bourrelets et de sillons espacés, qui présentent bien l'inflexion falculiforme caractéristique de la figure de M. KOSSMAT.

Cloisons (voir fig. 2ᵇ) identiques à celles reproduites par M. KOSSMAT, pl. XVIII, fig. 2 c.

Gisement: Ile Seymour, Snow-Hill.

Fréquence: Rare.

Horizon habituel: Trichinopoly-group, partie supérieure (Inde méridionale) Californie (sous le nom de *Lyt. Jukesii*); *Gaudr. striatum* JIMBO (in YABE) du Crétacé supérieur du Japon (*Pachydiscus-beds*) se rapproche beaucoup de notre forme.

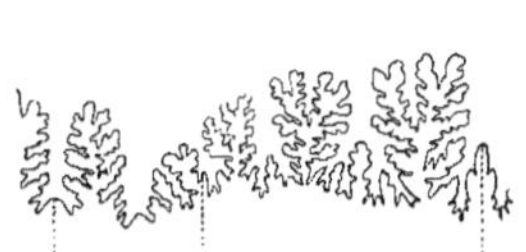

Fig. 2ᵃ. Cloisons de *Lyt. Varagurense* KOSSM.
(d'après M. KOSSMAT).

Fig. 2ᵇ. Fragment de ligne suturale de *Gaudryceras* cf. *Varagurense* KOSSM. de l'île Seymour
(d'après nature).

Lytoceras (Gaudryceras) sp.

Fig. 2ᵃ, 2ᵇ.

Nous donnons (fig. 2 b) la ligne suturale d'un fragment d'Echantillon; à cloisons bien conservées, qui nous parait appartenir au groupe de *Lyt.* (*Gaudr.*) *varagurense* KOSSMAT.

Gisement: Ile Seymour.

Lytoceras (Gaudryceras) mite V. HAUER sp.

1866. V. HAUER, Neue Cephalopoden der Gosaugebilde. — Sitzungsber. d. Akad. der Wissenschaften, Wien,
Band LIII, pl. II, fig. 3, 4.
1906. *Gaudryceras mite* V. HAUER. — in DE GROSSOUVRE, Ammonites craie supérieure de France. Paris.
pl. XXVI, fig. 4, pl. XXXIX.

Cette espèce, telle que la figure M. de GROSSOUVRE, se distingue facilement *L. Varagurense* par ses tours plus embrassants et moins nombreux, son ombilic plus étroit.

Gisement: Ile Seymour.

Fréquence: Rare (un échantillon).

Horizon habituel: Sénonien de Gosau (Alpes autrichiennes) (DE GROSSOUVRE), Emschérien du Trichinopoly-group, partie supérieure, (Inde mérid.); on a également cité *Gaudr.* cf. *mite* (du Dj. Selbia) dans le Santonien de la Tunisie centrale.

Lytoceras (Gaudryceras) politissimum KOSSMAT.
Pl. I, fig. 7 et 8.

1895. *Lyt. (Gaudryceras) politissimum* KOSSMAT, S. Ind. Kreideformation, p. 128, pl. XV, fig. 7.

Diamètre des échantillons: 59 m/m et 45 m/m.

Nos échantillons figurés ont les tours peut-être un peu plus larges que ceux de la Pl. XV, fig. 7 de M. KOSSMAT; ils sont pourvus de leur test, qui montre des stries d'acroissement fines et onduleuses. La plus grande épaisseur du tour est dans la partie voisine de l'ombilic; l'amincissement du côté siphonal est un peu plus grand que dans la figure de M. KOSSMAT. La description donnée par ce dernier s'applique du reste parfaitement à nos échantillons.

Gisement: Snow-Hill (localité 1 et 2).

Fréquence: Assez rare.

Horizon habituel: Trichinopoly-group (Assises supér.) (Inde méridionale).

Sous-genre *Tetragonites* KOSSMAT 1895, emend. CH. JACOB.

Lytoceras Tetragodites epigonum KOSSMAT.

1865. *Am. Timotheanus* (p. p.) STOLICZKA (*non* PICTET et ROUX), Cret. S. Ind. Vol. 1, p. 146, pl. LXXIII, fig. 5.
1895. *Lyt. (Tetragonites) epigonum* KOSSMAT, S. Ind. Kreideformation, p. 135, pl. XVII, fig. 4, 5.

Gisement: Snow-Hill.

Fréquence: Rare.

Horizon habituel: Sénonien Trichinopoly-group (partie supérieure de l'Inde méridionale); Madagascar; Scaphites-beds du Japon (YABE); Santonien de la Tunisie centrale (Dj. Selbia).

Cette espèce est une mutation de *Tetr. Timotheanum* PICT. sp. du Gault méditerrannéen.

Sous-genre *Pseudophyllites* KOSSMAT 1898.

Pseudophyllites Indra FORBES sp.

1845. *Am. Indra* FORBES, Trans. geol. Soc. London II, Série VII, p. 105, pl. XI, fig. 7.
1865. *Am. Indra* STOLICZKA, Cret. S. India I, p. 112, pl. LVIII, fig. 2.
1876. *Am. Indra* WHITEAVES, Cret. Vancouver (Mesos Foss.) Vol. 1, Part. II, p. 105, pl. XIII, fig. 2.
1895. *Pseudophyllites Indra* FORBES sp. in KOSSMAT, S. Ind. Kreideformation, p. 157, pl. XVI, fig. 6 à 9, pl. XVII, fig. 6, 7, pl. XVIII, fig. 3 (voir la synonymie in KOSSMAT, p. [41] 137).

La Collection de Snow-Hill comprend un grand échantillon très reconnaissable de cette espèce; quoiqu'un peu aplati, il se montre identique à la figure du type indien de M. KOSSMAT (Pl. XVI, fig. 9) et à celle de M. WHITEAVES de Vancouver.

Il nous a semblé inutile de figurer notre échantillon, qui ne présente rien de particulier et dont la détermination est évidente. Nous rappellerons que les *Pseudophyllites* néocrétacés ont, ainsi que l'a fait voir M. CH. JACOB, leur origine dans *Lyt. Jallabertianum* PICT. sp. du Gault européen.

Gisement: Snow-Hill, localité 1.

Fréquence: Très rare (1 échantillon).

Horizon habituel: Valudayoorbeds et Trigono-arcabeds de l'Inde méridionale, Vancouver, Natal, Madagascar; formes voisines dans le Sénonien d'Europe.

Fig. 3. Ligne suturale de *Pseudophyllites Indra* FORB. sp, (d'après KOSSMAT).

Anisoceras PICTET 1854.

Parmi les Lytocératidés déroulés dont on nous a soumis plusieurs fragments, on distingue une forme à côtes espacées et une forme à côtes fines, des fragments de crosse, enfin un fragment de spire (Pl. V.) à tours non contigus, hélicoïdes, qui montrent très nettement qu'il s'agit là, non de *Hamites* (*sensu stricto*), mais de *Anisoceras;* nous attribuons donc à ce dernier genre, considéré d'ailleurs par NEU-MAYR et KOSSMAT comme un simple sous-genre de *Hamites* PARK., tous les fragments d'Ammonitides déroulés que contient la faune de Snow-Hill et nous y distinguons les deux formes suivantes. *Diplomoceras* est un nom générique donné par HYATT à *H. cylindraceus* d'ORBIGNY (Paléont. Franç. Terr. Crét. pl. 136), mais dont la raison d'être ne paraît pas suffisamment justifiée.

Anisoceras notabile[1] WHITEAVES sp.
Pl. II, fig. 1, Pl. III, Pl. IV, Pl. V et Pl. VI fig. 1.

1879. *Hamites cylindraceus*(?) DEFR. in WHITEAVES, Cret. Vancouver (MESOZ. FOSS.) Vol I, Part. II, p. 113, pl. XIV, fig. 2.

1903. *Diplomoceras notabile* WHITEAVES, Cret. Vancouver (MESOZ. FOSS.) Vol I, Part. V, p. 335; pl. 44, fig. 4.

Voir aussi in PICTET, Paléontologie Suisse, III, Série n° 99: *Hamites cylindraceus* D'ORB.

Nos échantillons rappellent vivement la figure donnée par M. WHITEAVES, pl. XLIV, fig. 4, vol. IV. Ils ressemblent aussi à *Hamites Meyrati* Ooster (in STOLICZKA pl. XC) du groupe d'Ootatoor, de même qu'à *H. subcompressus* FORBES (in STOLICZKA). Tous ces *Hamites* ne sont que des fragments et nous pensons

---

[1] Nous adoptons provisoirement le nom spécifique, donné par M. WHITEAVES et qui s'applique le mieux à nos échantillons, tout en faisant remarquer qu'une étude approfondie de la synonymie, pour laquelle les matériaux nous font défaut, aboutirait sans doute à l'adoption d'une dénomination plus ancienne.

qu'on a beaucoup trop multiplié les espèce de ce groupe; il en est de même pour
H. elatior FORBES 1890 in STUART WELLER (loc. cit.); *H. largesulcatus* FORBES,
H. rugatus STOL., *H. Indicus* [*v. Hamites (Anisoceras) indicus* FORBES in KOSS-
MAT, loc. cit.); p. (49), 145, Pl. XIX (V), fig. 4, (avec indications synonymiques),
(STOLICZKA, loc. cit., Pl. LXXXV, fig. 1—5)], *H. subcompressus* STOL. sp. *H. tenuisulcatus* (p. p.) STOL. sp., *Anis. Haradanum* YOKOYAMA, *H. undulatus* FORBES
(Pl. X, fig. 8), qui paraissent n'être que des fragments très insuffisamment caractérisés de parties différentes d'une même espèce assez variable appartenant au
genre *Anisoceras* et très voisine de *Anisoceras notabile* WHIT. sp. Les différences
qu'il y a entre ces débris ou parties de crosses *ne justifient pas la création de
désignations spécifiques aussi nombreuses.* [1]

Dans nos échantillons, l'ornementation est formée de côtes simples, espacées,
annulaires; dans la spire les côtes, tout en restant simples, se rapprochent un peu et
deviennent plus fines. M. STUART WELLER a figuré comme provenant de la région
antarctique (loc. cit. Pl. II) sous le nom de *Hamites elatior* FORBES et *Hamites* sp.
des échantillons qui se rapportent certainement à notre espèce. Dans l'incertitude
où nous nous trouvons d'identifier ces formes plutôt à l'une ou à l'autre des espèces
fragmentaires citées plus haut, nous préférons leur donner le nom de **Anisoceras
notabile,** le type figuré par WHITEAVES étant certainement identique à nos échantillons. Nous n'examinerons donc pas la question de savoir si les formes décrites
par FORBES sous le noms de *Ham. cylindraceus, subcompressus, rugatus, Indicus,*
etc, doivent être réunies ou assimilées à *Anis rugatum* STOL., et à notre espèce, ce
qui nous paraît d'ailleurs bien probable.

Gisement: Snow-Hill, localité 2.

Fréquence: assez abondant.

Horizon habituel: Les formes analogues à la notre se rencontrent dans le
Sénonien de l'Aryaloorgroup et des Valudayurbeds de l'Inde méridionale (couches à
Anisoceras) de Vancouver, du Natal; au Japon (*Anis. Haradanum* YOK.); à Mada-
gascar, Quiriquina, au Sud de l'Orégon, dans le Sénonien d'Europe, etc. — *Hamites*
cf. *cylindraceus* DEFR. sp. a été en outre cité par STEINMANN (loc. cit. p. 89) du
Sénonien de Quiriquirina; il se rencontre aussi dans le Sénonien d'Europe. M.
WOODS mentionne et figure en outre du Pondoland *Hamites (Anisoceras) Indicus*
FORB., et *H. (Anisoceras) subcompressus* FORB., qui se rapportent également à ce
type; on les retrouve dans le Zululand.

---

[1] *Helicoceras Indicum* STOL. n'est probablement qu'une modification de la même espèce.

Anisoceras [1] obstrictum JIMBO sp.

Pl. IV.

1894. *Anisoceras obstrictum* JIMBO sp., (Kreideformation von Hokkaido, Pl. VII, fig. 2, 2, a, b). — Cette
forme est très voisine de *Hamites tenuisulcatus* FORBES (in Transact. geol. Soc. London, vol. VII,
pl. X, fig. 8 (1846) et pl. XI, fig. 3).
1896. *Hamites obstrictus* WHITEAVES, Trans. Soc. Canada, II Série, vol. I, p. 130.

Cette espèce se distingue de la précédente par des côtes plus serrées et plus espacées dans a crosse; sa spire est inconnue. Au sujet de sa synonymie nous ferons les mêmes réserves et les mêmes remarques que pour la forme précédente.

Gisement: Snow-Hill.

Fréquence: Rare.

Horizon habituel: Crétacé supérieur de Vancouver, du Japon etc. . . On cite aussi des formes voisines du Cénomanien de Madagascar et de Mozambique.

Desmoceras [2] ZITTEL.

Sous-genre *Latidorsella* JACOB 1907.

Groupe de **Desmoceras latidorsatum** MICHELIN sp.

Desmoceras (Latidorsella) aff. latidorsatum MICH. sp., var.

1865. *Am. latidorsatus* STOLICZKA, Cret. S. India, Vol. 1, p. 148, pl. LXXIV, fig. 1 à 4.
1865. *Am. inanis* (pro parte) STOLICZKA, Cret. S. India, Vol. 1, p. 148, pl. LIX, fig. 14.
1895. *Dsmoceras latidorsatum* MICH. sp. in KOSSMAT, S. Ind. Kreideform. p. 107. pl. XXV (XIX), fig. 2 à 5.
1907. *Desmoceras (Latidorsella) latidorsatum* MICH. sp., in CH. JACOB, Crét. moy. Alpes franç. p. 75.

Un exemplaire incomplet paraît se rapporter à cette espèce.

Gisement: Snow-Hill.

Fréquence: Rare; paraît caractériser un horizon inférieur (calcaire rouge de la localité 2).

Horizon habituel: Le type de l'espèce se rencontre dans le Gault européen; des formes analogues, mais légèrement différentes ont été citées du Cénomanien (Groupe d'Ootatoor) de l'Inde méridionale et représentent sans doute une mutation du type.

---

[1] M. YABE a groupé sous le nom de *Nipponites* des Lytocératidés à enroulement complexe et irrégulier qui font partie du groupe des *Turrilites* et *Bostrychoceras* (*Heteroceras* auctor., non *Heteroceras* D'ORB. emend. KILIAN).

[2] On réunit souvent à tort, nous semble-t-il, en un même groupe, les *Desmoceras* s. str. (groupe *difficile -- Beudanti*) et les. *Puzosia* (*P. Angladei, P. Mayoriana*, etc.) ces deux rameaux ne semblent cependant avoir entre eux aucun rapport génétique: le premier dérive sans doute des Hoplitidés (*sensu lato*), spécialement de *Leopoldia*, et le second peut être des Phyllocératidés par l'intermédiaire de *Sowerbyceras* (*Tortisulcati*) (et de *Silesites?*).
On trouvera des précieux éléments de comparaison dans les lignes suturales de ces groupes, figurées récemment par M. M. KARAKASCH (Trav. Soc. imp. des Nat. de St. Pétersbourg XXXII, 5, 1907) et CH. JACOB (Mém. de Pal. Soc. géol. de Fr. tome XV, 3—4, Mém. N° 38. — 1907).

Groupe de **Desmoceras sugatum** Forbes sp.

Desmoceras (Latidorsella) Loryi Kilian et Reboul nov. sp.

Pl. I, fig. 4 et 5.

(?) 1846. *Am. sugata* Forbes, Transac. geol. Soc. London, 2e Série, Vol. VII. p. 113. pl. X. fig. 2.
1890. *Desmoceras* sp. Yokoyama, Japan. Kreide. Paleontogr. XXXVI, p. 185, pl. XX, fig. 12.
(?) 1895.   ›   *sugata* Forbes, sp. in Kossmat, S. Ind. Kreideform. p. 111, pl. XXV (XIX), fig. 1.
     pl. XIV (XXVIII), fig. 11.

Diamètre de l'échantillon 36 m/m.

Largeur du dernier tour 19 m/m.

Largeur de l'ouverture 21 m/m.

Nous désignons sous une dénomination spéciale une forme très voisine de *Desm. sugatum*, Forbes, mais qui ne peut être, à notre avis, absolument identifié au type de Forbes. Nos échantillons, en partie pourvus de leur test, présentent de très fines stries d'accroissement, sans aucune trace d'ornementation et ne portent qu'une faible indication, (cependant très nette), de carène ventrale obtuse. Cette forme, moins carénée que le type, et déjà remarquée par MM. Jimbo et Kossmat, a du reste été parfaitement figurée par Yokoyama; ainsi que le montre notre figure, les tours sont au moins aussi larges que hauts et, à section cylindrique. La carène est sensiblement moins prononcée que dans les échantillons de *D. sugatum* considérés comme typiques et figurés par M. Kossmat.

Cloisons mal conservées.

Gisement: Snow-Hill, 2 (couches à *Latid. latidorsata* et *Polypiers*).

Fréquence: Assez commun.

Horizon habituel: *D. sugatum* se trouve dans le Trichinopoly-group (Horizon supérieur) de l'Inde, l'Aryaloorgroup inférieur, la Craie supérieure de Californie (Chico-group). On cite aussi *D. sugatum* Forbes sp. du Japon (Yokoyama) où se rencontre aussi notre *D. Loryi*.

Groupe de **Desmoceras Gardeni** Baily sp.

Sous-genre: *Hauericeras* DE GROSSOUVRE 1893.

Desmoceras (Hauericeras) aff. Gardeni Baily sp.

1855. *Am. Gardeni* Baily,[1] Cret. Foss. S. Africa, London, p. 456, pl. XI. fig. 3.
1890. *Desmoceras Gardeni* Yokoyama, Verstein. Japan Kreidef. (Paleontogr. XXXVI), p. 184, pl. XX. fig. 10.
1895. *Hauericeras Gardeni* Baily sp., in Kossmat, S. Ind. Kreidef. p. 123, pl. XXIV (XVIII), fig. 7. 8. 10 (voir dans cet ouvrage la synonymie complète de l'espèce).

Gisement: Snow-Hill.

Fréquence: Rare et mal conservé.

---

[1] Baily, Cretaceous Fossils of Southern Africa (Quart. Journ. geol. soc. of London, vol. XI, 1885).

Horizon habituel: Aryaloor-group et peut-être Trichinopoly-group supérieur de l'Inde méridionale. On a cité également des *Hauericeras* de l'Emschérien de Madagascar (Montagne des Français) et du Santonien de la Tunisie centrale. Cette forme est répandue dans la province indopacifique, dans le Crétacé supérieur de Vancouver (Nanaimo-group) et de l'Afrique australe (Natal), du Japon et de la Colombie. Des espèces voisines (*H. pseudo-Gardeni* SCHLUET sp., *H. Fayoli* GROSS.) se rencontrent aussi dans la Craie supérieure d'Europe. Des *Hauericeras* ont été signalés d'autre part dans le Crétacé supérieur, au Zululand et à Madagascar.

Groupe de **Desmoceras planulatum** SOW. sp.

Sous-genre: *Puzosia* BAYLE 1878.

Puzosia sp.

Un fragment d'échantillon, spécifiquement indéterminable, de Snow-Hill, se rapporte à ce groupe qui est représenté, dans le Sénonien de l'Inde, par de nombreuses formes telles que *Puzosia Gaudama* FORBESS p., *P. indopacifica* KOSSM., *P. Denisoniana* STOL. sp., et à Quiriquina (Chili) par *P. Darwini* PHIL., dont plusieurs rentrent, il est vrai, dans le genre *Kossmaticeras*.

Kossmaticeras DE GROSSOUVRE 1901.[1]

(Holcodiscus UHLIG 1883, p. parte).

Le groupe le mieux réprésenté, dans les gisements voisins de la terre de Graham, au point de vue numérique aussi bien que sous le rapport de la variété des formes, est celui des Ammonites à sillons, plus ou moins voisines d'*Am. Theobaldianus* STOL. de l'Inde, que M. KOSSMAT a rattachées, après M. UHLIG, au genre *Holcodiscus* et que nous plaçons, avec M. DE GROSSOUVRE, dans le genre *Kossmaticeras*.

La question de savoir s'il convient, avec MM. UHLIG et KOSSMAT, de maintenir dans un même genre, les *Holcodiscus* du Crétacé inférieur (*H. Caillaudianus* D'ORB. sp., *fallax* MATH. sp., *Perezianus* D'ORB. sp. etc.) et les formes néocrétacées de l'Inde est, en effet, assez délicate.

En créant le genre *Holcodiscus*, M. UHLIG[2] avait compris dans ce groupement générique des formes du Crétacé inférieur telles que *Holcodiscus Caillaudianus* D'ORB. sp., *Holcodiscus Perezianus* D'ORB. sp. qu'il a du reste spécialement étudiées, mais aussi des espèces néocrétacées de l'Inde telles que *H. Theobaldianus* STOL. sp., *H. Cliveanus* STOL. sp., *H. Moraviatoorensis* STOL. sp., *H. papillatus* STOL. sp., *H.*

---

[1] DE GROSSOUVRE: Craie supérieure p. 719 et tableau XXXIII. Nous avions proposé pour ce groupe le nom de **Pseudoholcodiscus**, mais la dénomination de *Kossmoticeras* a la priorité (1901).

[2] V. UHLIG. Wernsdorfer Schichten. p. 116.

Bhavani STOL. sp., *H. Kalika* STOL. sp., *II. Madrasinus* STOL. sp., etc., auxquelles se rattachent évidemment des formes étudiées depuis par KOSSMAT: *II. recurrens* KOSSM., *H. Buddhaicus* KOSSM., *H. Pondicherryanus* KOSSM. ainsi que celles qui constituent un des principaux éléments de la faune que nous décrivons dans le présent mémoire. L'absence d'une continuité reliant le premier de ces groupes, qui n'est pas connu dans des couches plus récentes que le Barrémien, au second, qui n'apparaît que dans le Gault supérieur de Californie (*Kossm. Voyi* ANDERSON etc.) ainsi que certains détails de l'ornementation, donnent l'impression qu'il y a là **deux séries distinctes** dont les *liens de parenté directe sont douteux;* il en résulte la conclusion que le genre *Holcodiscus* d'UHLIG serait probablement « polyphylétique ».

L'examen de la ligne cloisonnaire ne fait que confirmer cette impression. La ligne suturale du premier groupe nous est, en effet, connue (fig. 4) par une figure de M. UHLIG (Wernsdorferschichten, Pl. XIX, fig. 11) pour *Holcodiscus Perezianus* D'ORB. sp. et par des dessins (fig. 5 et 6) très soignés de M. NICKLÈS (Pal. Sud-Est Espagne, fig. 12 et 13) pour *Holcodiscus intermedius* D'ORB. sp. et *diversecostatus* COQ. sp. Ainsi qu'il est facile de le voir par ces figures, que nous reproduisons ici (v. fig. 4, 5, 6), la première selle latérale rappelle encore vaguement, par l'absence d'un lobule la divisant nettement en deux sections, celle des *Holcostephanus* du sous-genre *Astieria* (fig. 7). La ligne cloisonnaire du groupe néocrétacé (*Kossmaticeras* DE GROSS.) dont M. KOSSMAT nous a fait connaître les détails (fig. 8—11 et 13) est, par contre, malgré une incontestable analogie d'ensemble, sensiblement différente, et la première selle latérale présente au contraire plus nettement une division plus *profonde* de ses ramifications en *deux groupes principaux* de valeur presqu'égale; le premier lobe latéral est en outre constamment plus profond et plus important que dans *Holcodiscus* s. str. On remarque aussi, d'une façon plus constante et plus nette, chez la plupart des *Kossmaticeras* (fig. 8, 11, 13), dans le voisinage de l'ombilic, une *chute rapide* des selles auxiliaires internes, qui diminuent très rapidement de hauteur. Ce caractère rappelle d'une façon frappante la ligne suturale de certaines *Puzosia* typiques du groupe de *Puz. Mayoriana* SOW. sp. (fig. 12) d'après MM. CH. JACOB et KOSSMAT, ainsi que celle de *Uhligella Rebouli* CH. JACOB (fig. 14).

Si nous ajoutons que l'ornementation des *Holcodiscus* néocrétacés est en somme, par ses sillons obliques, peu différente de cette de *Puzosia (s. stricto)* (*P. Mayoriana* SOW. sp. et *P. planulata* SOW. sp. par exemple), on arrive à considérer comme très vraisemblable la parenté de ces *Kossmaticeras* avec ce groupe de *P. Mayoriana* SOW. sp., dont ils dérivent très probablement. [1] *La comparaison* des cloisons de *Koss-*

---

[1] On pourrait être tenté de rapprocher *Kossmaticeras* d'*Uhligella* CH. JAC.; la ligne suturale (fig. 14) des formes de ce dernier sous-genre ne diffère en effet pas plus sensiblement de celle de certains *Kossmaticeras* (fig. 13) que ce n'est le cas pour les cloisons de certaines *Puzosia* (sensu stricto) (fig. 12) et celles d'autres *Kossmaticeras* (fig. 10).

maticeras Bhavani STOL. sp. (fig. 10) et de *Puzosia Mayoriana* SOW. sp. (fig. 12) notamment est très instructive à cet égard.

Nous proposons donc de réserver la dénomination de **Holcodiscus** créée par M. UHLIG aux formes du Crétacé inférieur (*H. Caillaudianus, Perezianus*, etc. . . .) qui

Fig. 4. Ligne cloisonnaire de *Holcod. Perezianus* D'ORB. sp. (d'après UHLIG).

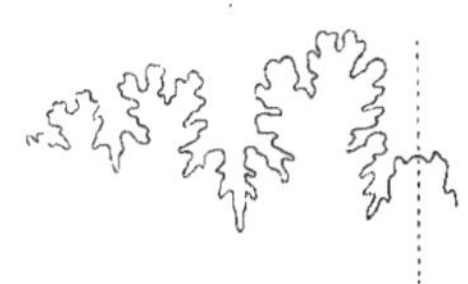

Fig. 5. Ligne cloisonnaire de *Holcod. intermedius* D'ORB. sp. (d'après NICKLÈS).

Fig. 6. Ligne cloisonnaire de *Holcod. diverse-costatus* COQ. sp. (d'après NICKLÈS).

Fig. 7. Ligne cloisonnaire de *Astieria Schencki* OPP. sp. (d'après UHLIG).

dérivent sans doute d'une groupe de Holcostephanides (*Astieria, Spiticeras*, par l'intermédiaire d'*Astieria sulcosa* PAVLOW très probablement) et d'en détacher, avec M. DE GROSSOUVRE, sous le nom de **Kossmaticeras**, le groupe néocrétacé dérivant directement des *Puzosia* (*Puzosia Angladei* COQ. sp.[1]) et des *Uhligella* et dont

---

[1] *Nota.* — Les figures 4 à 17 ci-contre mettent en évidence les faits suivants:

a. La forme de la première selle latérale moins nettement, moins symétriquement et moins profondément divisée en deux chez les *Holcodiscus* (s. str.) paléocrétacés (fig. 4, 5, 6) que chez les *Kossmaticeras* néocrétacés (fig. 8, 9, 10, 11, 13, 15) où elle est nettement divisée en deux rameaux presqu'équivalents comme chez *Puzosia*. Cette asymétrie des *Holcodiscus* paléocrétacés rappelle de très loin la cloison d'*Astieria* (fig. 7).

b. La configuration de la ligne suturale d'*Astieria* (fig. 7), dont le type, avec ses selles divisées d'une façon asymétrique en trois rameaux principaux et de forme plus pyramidale, n'accuse aucune parenté avec les *Kossmaticeras* et peut être tout au plus, et bien vaguement rapprochée de celles de *Holcodiscus* du Paléocrétacé (fig. 5, 7). Chez *Holcodiscus rotula* SOW. sp. de l'Hauterivien inférieur et du Valanginien, on remarque toutefois [PAVLOW, SPEETON, Pl. XVII (X) fig. 11—12] une ligne suturale (loc. cit. fig. 11 b) d'un type assez spécial, à selles plus massives et moins profondément divisées qui rappellent un peu les *Polyptychites* et surtout certains *Neocomites*. Les cloisons d'*Holcostephanus hispanicus* représentées par M. NICKLÈS offrent du reste un type analogue à celui d'*Astieria Schencki* OPP. sp.; *Spiticeras Stanleyi* UHLIG présente la division en *deux* lobules principaux du 1er lobe latéral; sa ligne suturale réalise une transition entre celle d'*Astieria* et celle de *Holcodiscus* (s. stricto). — *Holcostephanus Douvillei* NICKLÈS et *H. Alcoyensis* NICKLÈS ne sont d'ailleurs certainement pas des *Astieria*, comme le voudrait NICKLÈS, mais de véritables *Holcodiscus*; il en est de même de *Holc. intermedius* D'ORB. sp. (in NICKLÈS, *loc. cit.*, fig. 12).

Fig. 8. Ligne cloisonnaire de *Kossmaticeras pachystoma* KOSSM. sp. (d'après KOSSMAT).

Fig. 9. Ligne cloisonnaire de *Kossmat. Theobaldianum* STOL. sp. (d'après KOSSMAT).

Fig. 10. Ligne cloisonnaire de *Kossmat. Bhavani* STOL. sp. (d'après KOSSMAT).

Fig. 11. Ligne cloisonnaire de *Kossm. Karapadense* KOSSM. sp. (d'après KOSSMAT).

Fig. 12. Ligne cloisonnaire de *Puzosia Mayoriana* SOW. sp. (d'après CH. JACOB).

Fig. 13. Ligne cloisonnaire de *Puzosia* (*Kossmaticeras*) *Denisoniana* STOL. sp. (d'après KOSSMAT).

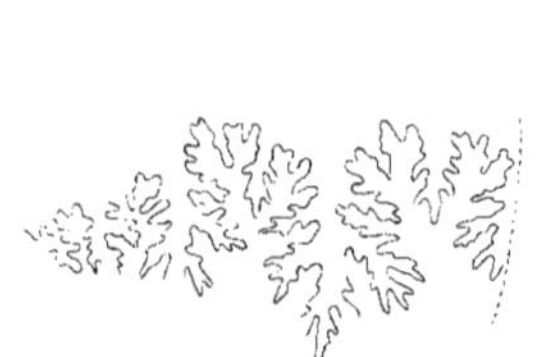

Fig. 14. Ligne cloisonnaire de *Uhligella Rebouli* JACOB (d'après CH. JACOB).

Fig. 15. Ligne suturale de *Kossmaticeras gemmatum* HUPPÉ sp. (d'après STEINMANN).

c. La très grande analogie de la ligne cloisonnaire de *Kossm. Bhavani* STOL. sp. (fig. 11), avec celle de *Puzosia Mayoriana* D'ORB. sp. (fig. 12).

Il est extrêmement remarquable de constater d'autre part l'analogie incontestable de la ligne suturale de ces *Puzosia* et des *Kossmaticeras* avec celles de *Thurmannia* et de *Kilianella*, ce qui permet de supposer une certaine parenté avec le groupe également pourvu de à sillons de *Kilianella Roubaudiana* D'ORB. sp.

l'analogie avec les *Holcodiscus* paléocrétacés peut n'être due qu'à un phénomène de
« convergence » se produisant dans des rameaux d'origine ontogénique différente. Les
Kossmaticeras à leur tour présentant, outre une *complication croissante* des selles et
des lobes, dans les individus adultes, ainsi que nous allons le montrer, des modifications intéressantes qui motivent la création de sous-genres (*Madrasites, Jacobites,
Gunnarites,* etc.); la ligne suturale elle-même évolue dans le groupe *Kossmaticeras*
[*Kossm. (Grossouvrites) gemmatum* HUPPÉ sp. (v. fig. 15)] de façon à se rapprocher
de plus en plus de celle de *Pachydiscus (Parapachydiscus)* du groupe de *P. Gollevillensis* D'ORB. sp. (fig. 16) et de *P. Neubergicus* V. HAUER sp. (fig. 17) qui en représente vraisemblablement un rameau génétique individualisé. Dans ces dernières
formes, la chûte des selles auxilliaires du coté de l'ombilic a presque entièrement
disparu. [1]

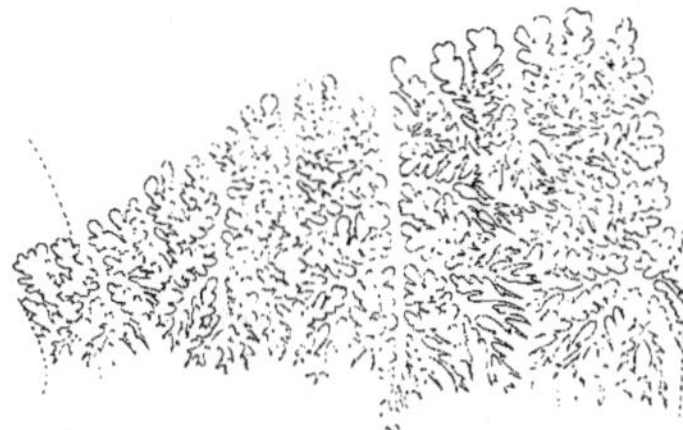

Fig. 16.　Ligne cloisonnaire de *Pachydiscus Quiriquinae* STEINM. (d'après STEINMANN).

Fig. 17.　Ligne cloisonnaire de *Pachydiscus neubergicus* V. HAUER sp. (d'après DE GROSSOUVRE).

d. La « chûte » vers l'ombilic des selles internes, accentuée surtout chez certains *Kossmaticeras* (*K.
Denisoniana*) et chez *Puzosia Mayoriana*, mais existant à un moindre degré aussi chez *Asticria Schenki*, chez
Holcod. intermedius et *diversecostatus* (fig. 5, 6) et chez *Uhligella Rebouli* (fig. 14). Ce caracrère s'atténue
chez *K. gemmatum* et disparaît chez les *Pachydiscus*.

e. La ressemblance des cloisons de *Kossmaticeras gemmatum* (fig. 15) avec celle de certains *Pachydiscus (Parapachydiscus)* (fig. 16, 17) qui semblent en dériver.

f. La hauteur relative du sommet des selles qui, dans *Kossm. Theobaldianum* (fig. 9) est décroissante
à partir de la 2e selle latérale, s'égalise chez *Kossm. gemmatum* (fig. 15) ce caractère s'accentue encore chez
Pachydiscus Neubergicus v. HAUER sp. (fig. 16), et *Gollevillensis* D'ORB. sp. où ces sommets sont *alignés
suivant une ligne droite* jusque dans le voisinage immédiat de l'ombilic (fig. 17).

Il est également intéressant de constater une certaine analogie entre la ligne suturale de *Holcodiscus
rotula* SOW. sp. de Speeton (Valanginien) représentée par G. PAVLOW [Speeton, Pl. XVII (X), fig. 11 b] et
celle de certains *Hoplites* tels que *H. scioptychus* UHL. et *H. neocomiensis* D'ORB. var. figurées par H. UHLIG
(Ceph. der Teschener Sch. Pl. IV, fig. 10 et 11); cependant chez *H. rotula*, les selles sont plus massives
et le premier lobe latéral *moins profond;* ce dernier caractère paraît d'ailleurs constamment distinguer les
cloisons de *Neocomites* de celles de *Polyptychites* qui, parfois se rapprochent beaucoup les unes des autres.

[1] Le fait que les caractères de la ligne suturale, notamment la chute moins rapide des éléments auxiliaires vers l'ombilic et la moindre division de la première selle latérale se montrent dans quelque formes
du groupe (*Kossm. Moraviatoorense, K. Buddhaicum*) et rappelle dans ces espèces la ligne suturale des *Holcodiscus* infracrétacés, peut évidemment suggérer l'idée d'une filiation de *Holcodiscus* (s. stricto) à *Kossmaticeras*, mais nous croyons que cette analogie de la ligne cloisonnaire est plutôt un phénomène de convergence: les *Kossmaticeras* représentent à nos yeux un rameau spécialisé dérivant des *Puzosia*, comme les

On comparera utilement avec la ligne cloisonnaire de *Kossmaticeras* la ligne suturale de *Puzosia Darwini* STEINM., représentée par MM. BOULE, LEMOINE et THÉVENIN, ainsi que celles de *Puzosia Angladei* COQ. sp. et de *Desmoceras Revoili* PERV. données par M. PERVINQUIÈRE et l'en constatera en particulier que l'analogie de la ligne suturale de nos *Kossmaticeras* avec celle de *Puzosia Angladei* COQ. sp. SAYN est frappante. On remarquera également que la *profondeur* et l'importance du premier lobe latéral est plus grande chez *Kossmaticeras Bhavani*, *K. Karapadense*, *K. Theobaldianum*, que dans *H. Perezianus* et *H. intermedius* du Néocomien.

Un rameau de *Kossmaticeras* (*Seymourites*) va se spécialiser à son tour pour donner une partie des formes appelées *Pachydiscus* et *Parapachydiscus* par les auteurs.

*   *   *

La répartition des *Kossmaticeras* dans les différents horisont du Crétacé indo-pacifique est la suivante:

a. Une première série de formes se montrent dans le Groupe d'Ootator (Cénomanien), ce sont: *K. Cliveanum* STOL. sp., *K. papillatum* STOL. sp., *K. rotalinum* STOL. sp. (l'horizon occupé par cette dernière forme est douteux d'après H. KOSSMAT.

b. Une deuxième série se rencontre dans les Groupes d'Aryalor, Valudayoor et Trichinopoly (Sénonien) ce sont: *K. Moraviatoorense* STOL. sp., *K. Paravati* STOL. sp., *K. Pacificum* STOL. sp., *K. Madrasinum* STOL. sp., *P. Kandi* STOL., sp., *K. Kalika* STOL. sp., *K. Bhavani* STOL. sp., *K. Aemilianum* STOL. sp., *K recurrens* KOSSM. sp., *K. Indicum* FORB. sp., *K. Pondicherryanum* KOSSM. sp., *K. sparsicostatum* KOSSMAT sp., *K. pachystoma* KOSSM. sp., *K. Karapadense* KOSSM. sp.

M. KOSSMAT (loc. cit. p. 32 l. 140) a montré que les représentants du groupe *Kossmaticeras* de GROSS. qu'il attribue aux *Holcodiscus* font leur apparition dans le groupe d'Ootator (Cénomanien) de l'Inde avec *Kossm. papillatum* STOL. sp., et se multiplient dans les horizons plus élevés d'Aryalor (Turonien) de Valudayoor et de Trichinopoly (Sénonien) avec *K. Pacificum* STOL. sp., *K. Aemilianum* STOL. sp., *K. Kandi* STOL. sp., *K. Kalika* STOL. sp., *K. Madrasinum* STOL. sp., *K. Buddaicum* KOSSM. sp., *K. Theobaldianum* STOL. sp., où ils atteignent leur maximum de fréquence et de variété.

· Cependant des formes du même genre existent dans le Crétacé supérieur d'autres régions. Outre les espèces citées par M. KOSSMAT, telles que *Kossm. (Holcodiscus) Kotoi* JIMBO sp. et *Kossm. Ishikawai* JIMBO sp. du Néocrétacé du Japon, *Kossm. gemmatum* HUPPÉ sp. (in STEINMANN) du Sénonien de Quiriquina (Chili), *Kossm. Laperousianum* WHIT. sp., *K. Cumshevaense* WHIT. sp. (= *H. Bhavani*

Holcodiscus néocomiens dériveraient soit de *Holcostephanus* (d'*Astieria*) par l'intermédiaire de *Holc. rotula* Sow. sp. soit des *Kilianella*. Nous nous proposons d'éludier, dans un travail ultérieur, les rapports ontogéniques entre les divers groupes d'Ammonitides du Crétacé inférieur.

STOL. sp.) de l'Ile de la Reine Charlotte, ainsi que quelques formes de la Craie d'Europe citées par le même auteur, telles que *Kossm. Düreri* REDT. sp., il y a lieu de rapporter en outre, d'après les figures et les descriptions publiées, au sous-genre *Kossmaticeras* certaines formes de Californie, notamment: *Desmoceras subquadratum* ANDERSON, *Desmoceras Dilleri* AND., *Desmoceras Voyii* AND. (du groupe de *Kossm. Bhavani*). C'est d'ailleurs dans les couches d'Horsetown, appartenant à un nouveau inférieur à celui de Chico et *correspondant au Crétacé moyen* (Gault), que toutes ces formes semblent s'être détachées de la souche *Puzosia*.

La forme figurée par ANDERSSON (Pl. V, fig. 126) sous le nom de *Holc.* cf. *Theobaldianus* STOL. sp. doit plutôt, à notre avis, rapportée à *Kossm. Bhavani* STOL. sp. Il conviendra probablement de rattacher encore aux *Kossmaticeras*: *Desmoc. planulatiforme* JIMBO du Japon ainsi que *Am. Hoffmanni* GABB. (Geol. Surv. Calif. Pl. XI, 13 a et 13, fig. 13 b), *Desm. Réjaudryi* DE GROSSOUVRE; M. DE GROSSOUVRE y fait rentrer également (Cr. sup. p. 718) *Pachydiscus Voyii* AND. sp.

*   *   *

L'épanouissement et les transformations des formes du groupe des *Kossmaticeras* de la Craie, dont MM. STOLICZKA et KOSSMAT nous avaient déjà fait connaitre de nombreuses espèces, constituent le trait le plus caractéristique de la faune que nous décrivons ici. Nous y établirons les groupements suivants. [1]

a. Un premier groupe comprend des faunes telles que *Kossm. Karapadensis* KOSSM. sp., *Kossm. Bhavani* STOL. sp., *Kossm. Theobaldianum* STOL. sp., qui conservent, jusque dans l'adulte, leur ornementation caractéristique; nous désignerons cette section sous le nom de **Madrasites**. Certaines formes, comme *K. Aemilianum* STOL. sp. prennent, ainsi que l'a justement remarqué M. KOSSMAT, une ornementation rappelant celle d'*Astieria*.

---

[1] Nous rappellerons que M. KOSSMAT a distingué dans l'ensemble des *Kossmaticeras* (*Holcodiscus prius*) de l'Inde, les groupes suivants:

1. Groupe de *Holc. Cliveanus* STOL., sp., *H. Moraviatoorensis* STOL. sp. rappelant d'après lui *H. Peresianus* D'ORB. sp. du Barrémien et auxquels se rattachent *H. papillatus* STOL., sp, *H. Paravati* STOL. sp., *H. pacificus* STOL. sp. et *H. Indicus* FORBES sp.

2. Groupe de *H. Theobaldianus* STOL. sp. rattaché au précédent par *H. recurrens* KOSSM. et comprenant encore *H. Bhavani* STOL. sp., *H. Pondicherryanus* KOSSM., *H. sparsicostatus* KOSSM., *H. pachystoma* KOSSM.

3. Groupe de *Holc. Aemilianus* STOL. sp., *H. Kandi*, STOL. sp, *H. Kalika* STOL. sp., *H. Madrasinus* STOL. sp., *H. Buddhaicus* KOSSM., *H. Karapadensis* KOSSM..

Ces trois groupes, dont le premier n'est que très faiblement représenté dans nos matériaux des régions antarctiques, rentrent à peu près entièrement dans notre section **Madrasites** et nous montrent une série de formes qui représentent vraisemblablement la souche de nos autres sections; c'est ainsi que *K. Pondicherryanum* KOSSM. sp. et *K. sparsicostatum* KOSSM. sp. évoluent vers **Jacobites,** tandis que *Kossm. Theobaldianum* STOL. sp. et *pachystoma* conduisent à **Gunnarites** et *Kossm. Buddhaicum* KOSSM. sp. et *Aemilianum* STOL. sp. à **Grossouvrites**.

Ajoutons encore que nous rattachons à la section *Jacobites* l'*Am. rotalinus* STOL., que M. KOSSMAT considère comme un *Pachydiscus;* il paraît en être de même de *Pach. Jimboi* KOSSM.

4—OS1744. *Schwedische Südpolar-Expedition 1901—1903.*

b. Dans le groupe de *Kossmaticeras antarcticum* ST. WELL. sp., les caractères se modifient par l'apparition de *crénelures* de plus en plus accentuées sur les côtes et il finit par en rester, dans l'adulte, une ornementation qui rapelle vraiment celle de certains *Douvilléiceras*. Ce sous-groupe, qui contient plusieurs espèces, notamment *Kossm. Kalika* STOL. sp., *Kossm. antarcticum* var. *Nordenskjöldi* nov. sp., peut être désigné sous le nom de **Gunnarites**.

c. Dans la série des *Kossmaticeras Anderssoni*, nov. sp., nous assistons à une importante et rapide modification dès le diamètre de 38 m/m; les côtes, fines et flexueuses des tours internes grossissent, s'espacent et finissent par se résoudre en *tubercules* et en épines latérales; des tubercules siphonaux et une carène apparaissent et les constrictions disparaissent; ce type est assez analogue à celui qui se trouve réalisé dans les *Neumayria* du Jurasique; cette curieuse section pourra porter le nom de **Jacobites**.

d. Le groupe de *Kossmaticeras gemmatum* HUPPÉ sp., est très analogue aux précédents, dans le jeune âge; les tours internes sont pourvus des constrictions caractéristiques; il montre des formes plus globuleuses, des tubercules ombilicaux et des côtes droites et fines, alternativement courtes et n'atteignant pas l'ombilic; les tours externes se rapprochent par leur aspect des *Pachydiscus;* ces formes peuvent constituer un sous groupe bien homogène auquel nous donnerons le nom de **Grossouvrites**.

e. Dans *Kossmaticeras Skidegatense* WHITEAVES sp., nous voyons dans l'adulte, les côtes, droites et régulièrement bifurquées, s'espacer; les tours devenir moins embrassants et l'aspect général rappeler certains *Perisphinctes* du Jurasique supérieur. Cette espèce formera le type d'une section, celle des **Grahamites.**

f. Enfin *Kossmaticeras Loganianum* WHITEAVES sp. reproduit par ses côtes primaires, régulièrement et nettement trifurquées en branches plus fines, le mode d'ornementation des *Stephanoceras* et *Cœloceras* jurassiques; cette forme constituera le chef de file d'une nouvelle section, celle des **Seymourites.**

*   *   *

Il est extrêmement curieux et instructif de voir se réaliser ainsi chez les individus adultes, dans un *même groupe* de formes, dont les tours internes ainsi que la ligne suturale possèdent des caractères voisins et attestent nettement l'origine commune et l'incontestable parenté, une série de modifications qui reproduisent d'une façon saisissante les type d'ornementation considérés longtemps comme l'apanage exclusif de genres d'Ammonitidés très distincts du Jurasique et du Crétacé, tels que les *Oculati* (*Flexuosi, Neumayria*), les *Coronati* (*Cœloceras*), les *Mamillati* (*Douvilléiceras*) les *Planulati* (*Perisphinctes*), les *Holcostephanus* (*Astieria*), etc.

On voit que l'étude des *Kossmaticeras* du Crétacé supérieur vient ainsi mettre en évidence, d'une façon particulièrement nette, tout ce que présentent d'artificiel et de polyphylétique la plupart des groupement génériques que l'on peut établir dans la classe des Ammonitidés, en se basant uniquement sur le type d'ornementation; elle met une fois de plus en évidence la nécessité de tenir le plus grand compte du *développement ontogénique*, en nous montrant, au sein d'un groupe très homogène et dans les tours externes, de formes presque identiques dans le jeune, la réapparition d'une série de tendances de « livrées » et de modes d'ornementation, qui, dans le Trias et dans le Jurassique, s'étaient déjà manifestées dans des groupes fort diffé·rents. Il est rare de voir se produire avec autant de netteté des « *phénomènes de convergence* » aussi accentués.

Les travaux classifiques de VON MOJSISOVICS, HAUG, NOETLING, FRECH, etc., ont du reste fait voir, que la plupart des modes d'ornementation qui se présentent dans les types d'Ammonitidés jurassiques et crétacés se sont manifestés déjà chez les Ammonites du Trias; c'est ainsi que les crénelures des côtes existent chez *Trachyceras* et *Protrachyceras* et que la livrée que prend *Kossm. Anderssoni* dans l'adulte est réalisée dans *Tibetites*, de même que les *Tropites* carénés du Trias montrent l'ornementation des *Hammatoceras* jurassiques et certains *Arpadites* (*Steinmannites*). (Voir *Arp. Noetlingi* MOJS. [in FRECH] Leth. geogn. II Mesozoicum Pl. 77, p. 8) du Trias supérieur, celles des *Waagenia*.

On voit également par exemple la face siphonale de certain *Ceratites* présenter un type qui se realise chez certains *Hoplites* mésocrétacés passant à *Schloenbachia* et décrits par M. CH. JACOB, qui a mis excellemment en évidence l'apparition d'une carène chez ces formes. La crénelure de la carène qui s'était montrée dans les *Amaltheus* liasiques et dans *Cardioceras cordatum* de l'Oxfordien se reproduit, d'après nos observations inédites chez un *Mortoniceras cultratum* D'ORB. sp. de l'Hauterivien de Valdrôme (Drôme) et M. STEINMANN l'a retrouvée chez des formes néocretacées sud-américaines (*Prionocyclus petalensis* STEINM.). Les trois carènes des *Arietites* liasiques reparaissent dans quelques *Hecticoceras* calloviens (*H. Mathayense* KIL.) et dans les *Peroniceras* de la Craie (*Per. tricarinatum* D'ORB. sp.).

De même [1] à l'époque du Jurassique supérieur, on voit les divers branches des Périsphinctidés prendre des livrées très différentes et donner naissance à des groupes individualisés tels que les *Aulacostephanus*, les *Hoplites* néocomiens (*Berriasella*, *Neocomites* etc.), les *Astieria*, les *Spiticeras*, les *Polyptychites* etc., M. CH. JACOB [2] a montré d'autre part d'une façon très nette et très suggestive, dans le groupe des

---

[1] Voir au sujet de ces convergences: KILIAN, Bull. Soc. géol. de France, 4e série, T. VI, p. 190 (1906) et C. R. Ac. des Sc. 29 Janvier 1906 et SAYN (Revue de Paléozoologie de Cossmann. — Paris).

[2] CH. JACOB. — Etudes paléontologiques et statigraphiques sur la partie moyenne des terrains crétacés dans les Alpes françaises et les régions voisines (thèse) p. 117 et suivantes.

Ammonitidés du Crétacé moyen, combien pouvaient varier dans un même tronc phylogénétique les divers caractères d'ornementation des flancs, la région siphonale (apparition d'une carène conduisant à *Schloenbachia* (s. str.), de la largeur de l'ombilic et même la ligne suturale qui semblait, il y a peu de temps encore, si caractéristique.

Sous-genre: Madrasites KILIAN et REBOUL.

Groupe de Kossmaticeras Theobaldianum STOL. sp. K. Aemilianum STOL. et K. cliveanum STOL. sp.

Kossmaticeras (Madrasites) papillatum STOL. sp.

1865. *Am. papillatus* STOLICZKA, Cret. S. Ind., Vol. J. p. 159, pl. LXXVII, fig. 7, 8.

Un exemplaire bien net.

Gisement: Snow-Hill.

Fréquence: Rare.

Horizon habituel: Ootatoorgroup, partie inférieure.

Cette forme a été rattachée par M. KOSSMAT [*loc. cit.* p. 35 (142)], au groupe de *Holcodiscus cliveanus.*

Kossmaticeras (Madrasites) Theobaldianum STOL. sp. var. Snowhillensis
KIL. et REB.
Pl. XV, fig. 1.

1865. *Am. Theobaldianus* STOLICZKA, Cret. S. India, Vol. I, p. 161, pl. LXXVIII, fig. 2, 3.
1895. *Holcodiscus Theobaldianus* STOLICZKA sp., in KOSSMAT. S. Ind. Kreideform., p. 36 (143), pl. VII
        (XVIII), fig. 5, pl. VIII (XIX), fig. 1.
        (Non *Holcodiscus Theobaldianus* WHITEAVES.)

Nos échantillons, se rapprochant de ceux figurés par M. KOSSMAT, en diffèrent en ce que les sillons montrent un sinus assez accentué sur la partie ventrale. Certains ont une tendance à la crénelure qui se montre déjà sur les côtes, et se rapprochent ainsi des *Gunnarites.*

Gisement: Snow-Hill.

Fréquence: Assez abondant.

Horizon habituel: Aryaloor- et Trichinopolygroup partie supérieure. (Inde méridionale) Sénonien de Madagascar (Montagne des Français) de la Californie etc.

Kossmaticeras (Madrasites) recurrens KOSSMAT sp.

1865. *Am. Theobaldianus* p. p. STOLICZKA, Cret. S. India Vol. I, p. 161, pl. LXXVIII, fig. J.
1898. *Holcodiscus recurrens* KOSSMAT, S. Ind. Kreideformation, p. 37 (144), pl. VII (XVIII), fig. 2. 3.

Un exemplaire présentant tous les caractères de l'espèce.

Gisement: Snow-Hill.

Fréquence: Très rare.

Horizon habituel: Trichinopolygroup partie supérieure. (Inde méridionale) Sénonien de Madagascar (Montagne des Français).

Kossmaticeras (Madrasites) Bhavani STOLICZKA sp., var. Seymouriana KILIAN et REBOUL.

Pl. XIV, fig. 3—4; Pl. XV, fig. 4ᵃ, 4ᵇ; Pl. XXIII, fig. 1; Pl. XIX, fig. 1—2.

1865. *Am. Bhavani* STOLICZKA, Cret. S. India, Vol. 1, p. 138, pl. LXIX, fig. 4 à 7.
1879. (?) *Haploceras Cumshevaense* WHITEAVES, Geol. surv. Canada (Mesoz. Foss.), Vol. I, Part II, Pl. XXIV, fig. 1.
1898. *Holcodiscus Bhavani* STOL. sp. in Kossmat, S. Ind. Kreideformation, pl. VIII (XIX), fig. 5, 6, p. 38 (145).
1902. *Holcodiscus* cf. *Theobaldianus* STOL. sp., in Anderson, Cret. Dep. of the Pacif. Coast., Pl. V.

Diamètre des Echantillons 65 m/m, 95 m/m, 107 m/m, 145 m/m, 167 m/m.

Cette espèce est représentée par des échantillons typiques, très bien conservés, se rapportant à la Pl. VIII, fig. 5, 6 de KOSSMAT. Nos exemplaires appartiennent incontestablement à cette espèce; certains d'entre eux atteignent une grande taille (165 m/m) et présentent des tubercules ombilicaux un peu plus accentués que les figures de STOLICZKA et de M. KOSSMAT. Les tubercules ombilicaux sont analogues à ceux de *Holcodiscus Buddhaicus* KOSSM. Dans le type de l'espèce, on n'en remarque pas, mais dans la plupart de nos échantillons il s'en présente dès le jeune âge; les tours sont plats comme dans le type. Cependant, dans son ensemble, notre variété se distingue: 1. par des côtes plus fines dans le jeune; 2. par des tubercules ombilicaux. Ces derniers sont très inégalement accentués, apparaissent et disparaissent plus ou moins tôt suivant les échantillons.

Cette forme est reliée à *Kossmaticeras (Gunnarites) antarcticum* ST. WELL. sp. par l'intermédiaire de la variété *(Gunnarites) antarcticum* var. **Bhavaniformis** nov. sp. (Pl. 15, fig. 2) à tubercules ombilicaux très accentués.

En somme il existe toute une série de formes reliant le groupe *Gunnarites* s'est à dire *K. antarcticum* avec ses côtes fortes, espacées et ses tubercules ombilicaux, au groupe *Madrasites* et spécialement à *K. Bhavani* à côtes fines et tubercules très atténués; il est ainsi assez difficile de délimiter ces deux espèces et les deux sous-genres dont les types extrêmes sont cependant fort distincts.

Cloisons admirablement figurées par M. KOSSMAT; on se reportera à nos figures de cloisons (p. 22, fig. 10); ainsi qu'elles le montrent, la ligne suturale de notre espèce est bien conforme à celle du type.

M. ANDERSON a figuré sous le nom de *Holc. Theobaldianus* une forme qui nous paraît plutôt se rapporter à *Kossm. Bhavani*. Il en est peut être de même de *Haploceras Cumshevaense* WHITEAVES de l'île de la Reine Charlotte (v. ci-dessous).

Gisement: Ile Seymour (Beaux exemplaires à 2—3 kilomètres au Nord de la baie du S. O. et dans la localité 8).

Fréquence: Assez commun.

Horizon habituel: Trichinopolygroup (Sénonien de l'Inde).

Kossmaticeras (Madrasites) Bhavani STOLICZKA sp. var. densicostata KIL. et REB.
Pl. XVIII, fig. 1.

Nous distinguons sous le nom de var. *densicostata* (Pl. XV, fig. 4) une variété (Pl. XVIII, fig. 1) plus finement costulée qui se rencontre à l'Ile Seymour.

Kossmaticeras (Madrasites) Cumshewaense WHIT. sp.

1879. *Haploceras Cumshewaense* WHITEAVES Geol. surv. Canada (Mesoz. Foss.) Vol. I, Part. II, pl. XXIV fig. 1.

Notre échantillon se rapporte sans aucun doute à la figure de WHITEAVES. pl. XXIV, fig. 1, n'est sans doute (v. ci-dessus) qu'une variété à côtes fines de *Kossmaticeras (Holcodiscus) Bhavani*. STOL. sp. Dans le doute, nous la citons ici, à titre provisoirs comme une espèce distincte.

Gisement: Snow-Hill.

Fréquence: Très rare. (1 Echantillon.)

Horizon habituel: Sénonien de Vancouver, Californie, Crétacé moyen de l'île Reine Charlotte.

Kossmaticeras (Madrasites) pachystoma KOSSMAT sp.

1898. *Holcodiscus pachystoma* KOSSMAT, S. Ind. Kreideformation, p. 39, pl. VII (XVIII), fig. 1 a, b, c, d.

Exemplaires conformes à la description de M. KOSSMAT. Ainsi que l'a fait remarquer M. KOSSMAT (P. cit. p. 34 [141]), cette forme présente, dans l'adulte de grandes affinités avec les *Pachydiscus*.

Gisement: Snow-Hill.

Fréquence: rare.

Horizon habituel: Trichinopolygroup [Sénonien (Santonien) de l'Inde].

Kossmaticeras (Madrasites) Madrasinum STOLICZKA sp.

1865. *Am. Madrasinus* STOLICZKA, Cret. S. India, Vol. I, pl. LXX, fig. 1 à 3, p. 139.

Echantillons conformes aux figures de STOLICZKA.

Gisement: Snow-Hill.

Fréquence: Commun.

Horizon habituel: Aryaloorgroup (Inde méridionale).

Kossmaticeras (Madrasites) Karapadense KOSSMAT sp.

1898. *Holcodiscus Karapadensis* KOSSMAT, S. Ind. Kreideformation p. 41, pl. VIII)XIX), fig. 2, 4

Echantillons conformes aux figures publiées par M. KOSSMAT.

Gisement: Snow-Hill.

Fréquence: Assez rare.

Horizon habituel: Aryaloorgroup (Partie inférieure) de l'Inde méridionale.

Kossmaticeras (Madrasites) Gunnari nov. sp.

Pl. XI, Fig. 4ª, 4ᵇ, Pl. XIII, fig. 4.

Diamètre des Echantillons 48 m/m—39 m/m.

Epaisseur 17 m/m, 12 m/m.

Nous rapprochons de *Kossmaticeras (Holcodiscus) Karapadense* KOSSMAT sp. (Südindische Kreideformation Pl. VIII, fig. 2 à 4) une série déchantillons relativement peu enroulés, à tubercules ombilicaux accentués, à flancs plats, à sillons obliques; ils ne diffèrent de l'espèce de KOSSMAT que par la section un peu moins ogivale de l'ouverture et l'absence d'effacement des côtes sur le milieu des flancs. La paroi ombilicale, surmontée de tubercules, possède du reste tous les caractères de *K. Karapadense.* Les côtes présentent dans certains échantillons des *tendances à montrer des crénelures.* Cette espèce, tout en ayant des rapports avec *K. antarcticum,* en diffère par ses tours moins embrassants et plus plats, ainsi que par l'absence habituelle de crénelures des côtes, ces dernières ne se présentant ici qu'exceptionellement. Cette forme se distingue de *K. Theobaldianum* par la présence de tubercules ombilicaux, les tours constamment plus hauts que larges; les constrictions sont au nombre de trois par tour, environ; elles présentent à un moindre degré la brusque inflexion en avant de *K. Karapadense* et de *K. Theobaldianum.*

Cloisons mal conservées; se rapprochant de celles que M. KOSSMAT a figurées pour *K. Karapadense.*

Gisement: Snow-Hill.

Fréquence: Assez rare.

Horizon habituel: Voisin de *K. Karapadense* de l'Aryaloorgroup (Inde méridionale).

Sous-genre: *Gunnarites* KILIAN et REBOUL.

Groupe de Kossmaticeras (Gunnarites) antarcticum nov. sp.

Kossmaticeras (Gunnarites) antarcticum St. WELLER sp.

Pl. VIII, fig. 1, 2, Pl. IX, fig. 1, Pl. X, fig. 1, 2, Pl. XI fig. 1, 2, 3ª, 3ᵇ, 5ª, 5ᵇ, Pl. XIII, fig. 1, 2, Pl. XIV, fig. 1, Pl. XV, fig. 2, Pl. XVI, fig. 1, 2.

1903. *Holcostephanus antarctica* St. WELLER, Antarctic Fossils (Journ. Geol. Chicago, Vol. XI, Pl. II, fig. 1, 2, p. 4).

Diamètre de l'exemplaire:

M. STUART WELLER a figuré en 1902 (The Journal of Geology t. XI, p. 4, Pl. II, fig. 1—2, Chicago) sous le nom de *Olcostephanus antarcticus* une forme qui

n'est autre que notre *Kossm. antarcticum* et qui a été recueillie par M. STOKES, artiste
de l'Expédition antarctique suédoise[1] et soumise à M. STANTON qui lui a reconnu
des affinités aves les *Holcodiscus (Kossmaticeras)* de l'Inde et en particulier avec
Kossm. Madrasinum STOL. sp. de l'Aryaloorgroup.

Fig. 18. *Kossmaticeras antarcticum*
ST. WELL sp., *variété.*

Il s'agit sans aucun doute de la forme que nous
décrivons ci-dessous et qui est sans conteste la plus
commune des Ammonites recueillies dans les divers
gisements crétacés de Snow-Hill.

Voici la diagnose de cette curieuse espèce:

Tours un peu plus hauts que larges dans le jeune,
prenant dans l'adulte une section de plus en plus
elliptique; orné de côtes légèrement flexueuses et dirigées en avant; présentant à des diamètres divers,
suivant les échantillons, des crénelures caractéristiques,
visibles surtout sur la partie ventrale; ces crénelures
s'accentuent beaucoup dans les échantillons qui dé-
passent 65 m/m de diamètre et leur donnent une
apparence analogue à celle de certains *Douvilléiceras*
(*D. mamillatum* SCHLOTH.) du Gault. Ces côtes, qui
traversent la région siphonale sans interruption et
sans inflexion marquées, prennent naissance près de

l'ombilic de la façon suivante:

a. les unes se détachent, par groupes de 3 ou 4, de gros tubercules arrondis
et espacés au nombre de 10 à 12 par tour, sur le bord lisse de la paroi ombilicale;

b. d'autres côtes, isolées, prennent naissance dans l'intervalle des tubercules,
sur la paroi ombilicale;

c. à mesure que le diamètre augmente, on voit s'intercaler, de temps en temps
à diverses hauteurs sur les flancs, des côtes nouvelles, qui prennent du côté siphonal
la même importance et les mêmes crénelures que les précédentes.

Dès le jeune âge, on voit des *sillons* assez profonds interrompre obliquement
cette costulation au nombre de 3 ou 4 par tour; ces sillons sont limités du côté
postérieur et antérieur par une grosse côte ou bourrelet crénelé; c'est en arrière de
chacun de ces sillons que l'on voit s'intercaler une ou deux côtes secondaires, qui
viennent aboutir obliquement sur celle qui limite le sillon. Les tubercules ombilicaux, très visibles dans le jeune, continuent dans l'adulte sous forme d'épines;
les crénelures des côtes s'accentuent également; nous avons toutefois des échantillons de 25 m/m de diamètre où elles se montrent déjà.

---

[1] Voir J. S. ANDERSSON: Geology of Graham Land, p. 34 (note infrapaginale).

Cette espèce présente plusieurs variétés (fig. 18), en outre. à côté de la forme type (Pl. IX, Pl. X) et il existe des formes renflées (Pl. XI, fig. 1, Pl. X, fig. 1, Pl. XVI, fig. 1), possédant le même type d'ornementation, les mêmes crénelures, mais des côtes légèrement plus flexueuses; nous ne croyons pas pouvoir séparer cette forme et nous en faisons la variété « *inflata* ».

Enfin d'autres formes (var. ***Bhavaniformis*** (K. et REB.) (Pl. XV, fig. 2) représentent des passages à *Kossmaticeras Bhavani* STOL. sp., par leur ornementation serrée; elles se distinguent néanmoins toujours de cette espèce par les crénelures de leurs côtes, la plus grande importance de leurs tubercules ombilicaux, la moindre finesse de leur ornementation, leurs sillons plus flexueux; nous appelons cette dernière variété « ***Bhavaniformis*** ».

La variété renflée finit par ressembler beaucoup à *Ammonites Carlottensis* WHITE-AVES [Crét. Vancouver (Mesoz. foss.) Vol. I, Part. Pl. VI] et aussi un peu à *Kossmaticeras pachystoma* KOSSM. sp. C'est probablement un échantillon de cette espèce que M. WHITEAVES a figuré sous le nom d'*Ammonites Stoliczkanus* GABB. var. *spiniferus* (loc. cit. Pl. III, fig. 1, non Pl. IV, fig. 1).

Cloisons insuffisamment conservées.

Gisement: Snow-Hill.

Fréquence: Extrêmement commun.

Horizon habituel: Inconnu ailleurs, mais voisin de *Kossmaticeras Carlottense* WHIT. sp. du Sénonien de Vancouver.

Kossmaticeras (Gunnarites) antarcticum ST. WELLER sp., var. **Nordenskjöldi** KIL. et REB.

Pl. XII, fig. 4ᵃ, 4ᵇ, 5ᵃ, 5ᵇ; Pl. XIV fig. 2, Pl. XV, fig. 3.

Diamètre des échantillons: 47 m/m et 50 m/m.

Forme très voisine de la forme type de *K. antarcticum* ST. WELLER sp., mais s'en distinguant par une ouverture un peu moins élevée, par des tours plus cylindriques et par la moins grande netteté de ses crénelures des côtes, qui apparaissent d'ailleurs plus tard que dans le type; cette forme fait incontestablement partie du groupe de *K. Karapadense* KOSSM. sp. dont elle possède les tubercules ombilicaux, mais dont la forme de l'ouverture est plus ogivale et dont les côtes sont effacées sur les flancs, comme dans *K. Gunnari*, qui est également plus plat que notre espèce. L'allure des constrictions est également voisine de celle de *K. Karapadense;* ces dernières sont, néanmoins, moins fortement inclinées an avant dans leur partie externe. *K. antarcticum* var. *Nordenskjöldi* KIL. et REB. a, en outre, les côtes plus grossières et les tours plus cylindriques que *K. Kalika* STOL. sp.; les côtes sont également un peu plus droites que dans ce type. Notre espèce est plus déroulée, ses tours moins élevés; elle se distingue également, par l'épaisseur plus grande de ses tours, de *K. Gunnari* nov. sp. (v. plus haut), avec lequel elle est extrémement voisine.

Les *cloisons* ressemblent beaucoup à celles données par KOSSMAT pour *K. Karapadense* et *K. Buddhaicum.*

Gisement: Snow-Hill.

Fréquence: Assez rare.

Horizon habituel: Inconnu dans d'autres contrées, mais il existe des espèces voisines (*K. Buddhaicum* KOSSM. sp.) dans le Trichinopoly-group de l'Inde méridionale.

Groupe de **Kossmaticeras (Gunnarites) Aemilianum** STOL. sp.

Kossmaticeras (Gunnarites) Aemilianum STOL. sp.

1865. *Am. Aemilianus* STOLICZKA, Cret. S. India, Vol. I, p. 141, Pl. LXX, fig. 6 à 8.
1808. *Holcodiscus Aemilianus* STOL. sp., KOSSMAT, S. ind. Kreideform., p. 41 (148).

Echantillons conformes aux fig. 6—8 de la Pl. LXX de STOLICZKA et montrant, comme ces dernières, des indices de crénelures.

Gisement: Ile Seymour, localité 8.

Fréquence: Rare.

Horizon habituel: Aryaloorgroup (Inde méridionale).

Kossmaticeras (Gunnarites) Kalika, STOLICZKA sp.
Pl. XIII, fig. 3.

1865. *Am. Kalika* STOLICZKA, Cret. S. India, Vol. I, p. 140. Pl. LXX, fig. 5.
1898. *Holcodiscus Kalika* STOL. sp., KOSSMAT, S. ind. Kreideform., p. 41 (148).

Unique exemplaire que nous ayions eu entre les mains, de cette espèce figurée par STOLICZKA (Pl. LXX, fig. 5). Les crénelures des côtes des tours internes se voient bien moulées en creux. Il est probable que l'Echantillon figuré par MM. BOULE, THÉVENIN et LEMOINE (Céphal. Diego-Suarez) sous le nom de *K. Theobaldianum* du Sénonien de la Montagne des Français (Madagascar) appartient à la même espèce.

Gisement: Ile Seymour; localité 8.

Fréquence: Très rare (1 échantillon).

Horizon habituel: Aryaloorgroup. (Inde méridionale); Sénonien de Madagascar.

Sous-genre: *Jacobites* KILIAN et REBOUL.

Groupe de **Kossmaticeras (Jacobites) Anderssoni** nov. sp.

Kossmaticeras (Jacobites) Anderssoni nov. sp.
Pl. VII, fig. 1 à 5, Pl. XII, fig. 1 et 2, Pl. XVI, fig. 3.

1906? *Holcodiscus* n. sp. H. WOODS, Fauna of Pondoland, Pl. XLII, fig. 2.

Diamètre des échantillons: 78 m/m; 57 m/m; 52 m/m.

Dans le jeune, le mode d'ornementation se rapproche beaucoup de celui figuré par M. KOSSMAT pour *K. Buddhaicum* (*loc. cit.* Pl. VIII (XIX), fig. 3); mais avec des tours moins cylindriques et plus aplatis. A ce stade, l'ornementation est la suivante: Une série de côtes s'attenant et s'effaçant autour de l'ombilic, sur le bord duquel on remarque de 8 à 9 gros tubercules obtus par tour, d'où partent des faisceaux de côtes qui s'accentuent et se bifurquent au-delà du milieu des flancs en s'infléchissant légèrement en arrière. Indépendamment de ces côtes on remarque 4 à 5 *constrictions* par tours, les coupant obliquement, et bordées en avant et en arrière par des bourrelets. Les côtes et les constrictions traversent la région ventrale sans interruption ni inflexion.

Dans certaines variétés les côtes sont fines et serrés, plus fortement infléchies que dans d'autres (Pl. VII, fig. 2). Cette ornementation se continue en devenant légèrement plus grossière jusqu'au diamètre d'environ 40 m/m, on voit alors, assez brusquement, les côtes s'espacer; en même temps des épaississements de ces côtes apparaissent, vers le milieu des flancs et, sur leur bord externe,[1] des *tubercules*, pincés transversalement, auxquels aboutissent parfois deux côtes; sur la ligne siphonale on voit naître en même temps des tubercules ou épines, semblables aux précédents, mais alternant avec elles; l'échantillon figuré Pl. XII, fig. 2, montre que se sont là de véritables épines, comparables par exemple à celles de *Neumayria Valentina* FONTANNES (Crussol Pl. IV, fig. 5 et 6); du reste un mode d'ornementation analogue se montre aussi chez les *Barroisia* (voir: de Grossouvre, Craie supérieure Pl. II et III) et dans *Hoplites Lafresnayeanus* D'ORB. sp. (in DE GROSSOUVRE).

D'ailleurs à partir de ce moment, la costulation devient très irrégulière et presque *désordonnée;* les côtes espacées, légèrement flexueuses se bifurquent parfois il se présente aussi des côtes intercalaires; enfin l'échantillon figuré Pl. VII, fig. 5 montre que *vers l'ouverture, il se produit un nouveau changement:* les côtes se rapprochent et s'égalisent en devenant flexueuses.

---

[1] A partie de ce diamètre notre forme prend une ornementation des *flancs* analogue à celle de *Tibetites (Anatibetites) Kelvini* MOJS. du Trias supérieur himalayen, mais diffère nettement de ce type par sa face siphonale, qui présente dans notre forme quelques *tubercules siphonaux.*

Kossmaticeras (*Jacobites*) *Anderssoni* offre une certaine ressemblance avec *K. Pondicherryanum* KOSSMAT sp. et avec *K. sparsicostatum* KOSSMAT sp. (= *K. Denisonianum* p. p. STOL. sp.) dont il se distingue cependant par ses tubercules ombilicaux.

Cloisons: peu nettes.

Gisement: Snow-Hill.

Fréquence: abondant.

Horizon habituel: Inconnu dans d'autres régions mais voisin de *K. sparsicostatum* KOSSMAT sp. des Valudayoorbeds et du Trichinopolygroup (Sénonien) de l'Inde méridionale. M. WOODS a figuré une forme voisine du Sénonien de Pondoland (Afrique).

Kossmaticeras (Jacobites) Anderssoni nov. sp., var. (?) carinifera nov. sp.

Pl. VIII, fig. 3 à 5.

Diamètre du dernier tour 31 m/m.

Epaisseur »   »   »   21 m/m.

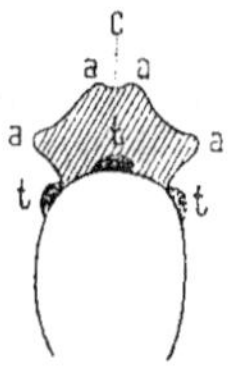

Dans cet échantillon nous voyons une disposition analogue à celle de la carène creuse (« *Hohlkiel* ») des Harpoceratidés.[1] Dans la partie siphonale, on voit, ainsi que le montrent nos figures 3 à 5, Pl. VIII, une sorte de crête surajoutée (*a, a,* fig. 19), composée d'une carène siphonale médiane (*a, a,* fig. 19), des deux côtés de laquelle une série d'épines correspondent aux tubercules (*t,* fig. 19) qui terminent les côtes de chaque côté de la région siphonale. Sous la carène et lorsqu'on l'a enlevée, apparaissent les tubercules siphonaux (*t*) qui caractérisent l'âge adulte de cette espèce.

Fig. 19. Schéma de la carène de *Kossmaticeras Anderssoni.* var. *carinifera* KIL. et REB.

Cette disposition toute particulière (voir la figure ci-dessus) montre que la plupart de nos échantillons de *Kossm. Anderssoni* ont perdu cette crête supplémentaire et ne présentent que des moules incomplets: elle rappelle l'ornementation de certains *Tibetites* du Trias supérieur.

Gisement: Snow-Hill.

Fréquence: Un seul échantillon.

Horizon habituel: Inconnu dans les autres régions; voisin de *K. sparsicostatum* KOSSMAT sp. du Sénonien (Trichinopolygroup).

Il est intéressant de noter dans cette curieuse espèce la récurrence d'une livrée du même genre que celle qui apparait déjà chez certains types triasiques (*Trachyceras Tibetites*[2]); un autre groupe dans lequel cette livrée particulière se montre

---

[1] V. les travaux de MM. DENCKMANN, VACEK, HAUG, etc.

[2] *Tibetites* (*Paratibetites*) *Bertrandi* MOJS. du Trias sup[r] de l'Himalaya possède (v. Frech Lethaea geogn. II Mesozoicum Pl. 21) une livrée ainsi qu'une carène rappelant vivement notre var. *carinifera* de *Kossmaticeras Anderssoni.*

également réalisée d'une façon qui rappelle beaucoup l'adulte de notre *K. Anderssoni*, est certainement celui des *Saynoceras* (*S. verrucosum* D'ORBIGNY sp. du Valanginien), mais surtout *Saynoceras Gazellæ* PERVINQUIÈRE, du Gault supérieur. Cependant une différence importante qui caractérise ces dernières formes est l'existence, sur la bande siphonale, de *deux rangées* de tubercules au lieu d'une seule. Il est certain que si l'on ne connaissait pas les tours internes de notre *K. Anderssoni* et s'il ne présentait pas cette rangée *unique et médiane* de tubercules siphonaux, on n'hésiterait pas à rapporter cette espèce au groupe des *Saynoceras*, genre probablement dérivé des *Asticria* et fondé, comme on voit, sur un simple mode d'ornementation, qui peut se présenter dans d'autres groupe différents et produire ainsi, « par convergence » des formes très analogues.

En somme la prodigeuse variété des types d'ornementation que prennent les coquilles de Céphalopodes: Nautilidés, Goniatites, Ammonites, montre, que ce sont *toujours les mêmes tendances qui se reproduisent* périodiquement en se combinant entre elles; elles nous rappellent ainsi, que la variété de formes réalisables n'est pas indéfinie, et que les mêmes conditions de milieu ou d'existence peuvent donner naissance, dans des groupes d'origine fort différente, à des types très analogues ou plutôt très « homologues ».

Kossmaticeras (Jacobites) rotalinum NEUM. sp.

1865. *Ammonites rotalinus* STOL., p. 65, Cretaceous Rocks of India, Pl. XXXIV, fig. 2 (Ootatoorgroup)
1875. *Acanthoceras rotalinum* NEUMAYR, Ammoniten der Kreide (Zeitschrift der deutschen Geolog. Gesellschaft, 1875. p. 93).
1898. *Pachydiscus rotalinus* STOL. sp. in KOSSMAT, Süd-Indische Kreideformation, p. 91, Pl. XIV (XX), fig. 3 a, b.

Am. rotalinus appartient évidemment à ce même groupe de *Jacobites* (*Kossm. Anderssoni*) qui donne par conséquent aussi naissance à certaines formes considérées jusqu'à présent comme des *Pachydiscus*. Le dessin de la ligne suturale publié par M. KOSSMAT (Pl. XIV, fig. 3[b]) nous conduit en effet à rattacher cette espèce aux *Kossmaticeras;* l'existence de tubercules siphonaux la relie d'ailleurs à *Kossm. Anderssoni*, où nous voyons ce même mode d'ornementation apparaître à un certain diamètre.

Nous avons eu entre les mains un échantillon bien caractérisé et absolument conforme aux figures publiées par STOLICZKA et par M. KOSSMAT.

Localité: Snow-Hill.

Fréquence: Très rare.

Horizon habituel: Indes anglaises, niveau supérieur d'Ootatoor, ou plus probablement, Trichinopolygroup, d'après M. KOSSMAT p. 92 (157).

Il est curieux de voir cette espèce se rencontrer à Snow-Hill, comme à Madagascar, à un niveau supérieur à celui qu'elle occuperait dans les Indes (mais qui, d'après M. KOSSMAT, ne serait d'ailleurs pas indiscutablement établi).

Sous-genre *Grossouvrites* KILIAN et REBOUL.

Groupe de **Kossmaticeras gemmatum** HUPPÉ sp.

Kossmaticeras (Grossouvrites) gemmatum HUPPÉ sp.

Pl. XVII, fig. 1, 2ᵃ, 2ᵇ, 3ᵃ, 3ᵇ.

1854.   HUPPÉ in GAY, Hist. fis. pol. d. Chili Zool., T. 8, p. 35, Pl. I, fig. 3.
1895 (?) *Ammonites Araucanus* PHIL. in STEINM., Fauna der Quiriquina-Schichten.
1895.   *Holcodiscus gemmatus* HUPPÉ sp. in Steinmann, Cephal. Quiriquina, p. 68, Pl. VI, fig. 1. 2.
1906.   *Pachydiscus gemmatus* HUPPÉ sp. in Kilian, Am. Exp. Antarct. Suéd. C. R. Ac. Sciences 1902.
1906.   *Pachydiscus gemmatus* HUPPÉ sp. (Kilian) in J. G. Andersson, Graham Land, p. 35.

Cette espèce a été très exactement décrite, discutée et figurée par M. STEIN-MANN du Crétacé supérieur de Quiriquina (Chili), qui a reconnu ses affinités avec les *Kossmaticeras* (*Holcodiscus prius*) tels que *K. Theobaldianum*, *K. Madrasinum*, *K. Bhavani*, *K. Kandi*, *K. Kalika* et *K. Aemilianum;* nous avons peu de chose à ajouter à sa description pour les échantillons de petite et moyenne taille, sinon que la région siphonale se montre un peu moins amincie que dans la plupart de nos échantillons; nous possédons cependant un exemplaire dont la section est identique à celle figurée par M. STEINMANN.

Trois de nos échantillons sont revêtus de leur test nacré, mais un grand nombre de fragments de grande taille, déformés, dépourvus de coquille et qu'on serait tenté de rapprocher de *Pachydiscus*, doivent être rapportés de cette espèce et aux grands échantillons de *Ammonites Araucanus* PHILIPPI du Musée de Santiago, figurés par M. STEINMANN [in Cephal. Quiriquina (Pl. VI, fig. 2)].

Ils sont reconnaissables à des tubercules ombilicaux dont partent des faisceaux de côtes droites et dirigées en avant. Un des petits échantillons figurés par nous montre une ligne suturale très nette et absolument identique à celle qu'a figurée STEINMANN (page 72, fig. 3) et que nous reproduisons ci-après.

M. STEINMANN place *Kossm. gemmatum* HUPPÉ sp. dans le groupe de *Kossm. Madrasinum* STOL. sp. Il a remarqué la transformation que subit cette espèce dans les tours externes et l'analogie des tours internes avec *Kossm. Kalika* STOL., sp. et *Aemilianum* STOL. sp. *Les constrictions* disparaissent dans l'adulte. Plusieurs de nos échantillons permettent d'étudier les tours internes de cette intéressante espèce, qui par leurs *constrictions obliques aux côtes* (elles disparaissent à partir du diamètre de 40 m/m) et par leurs tubercules ombilicaux (qui peuvent devenir de véritables *épines* au nombre de 18—20 par tours), se rattachent en effet incontestablement aux groupes de *Kossmaticeras Madrasinum, Kalika, Anderssoni, Bhavani* et surtout à celui de *K. Buddhaicum* etc.

La comparaison de la par exemple celle figurée par M. STEINMANN page 72, fig. 3, avec celle de *Kossmaticeras Theobaldianum* représentées par M. KOSSMAT (*loc. cit.* Pl. VII, fig. 5) montre qu'il n'y a aucune différence fondamentale entre les lignes de suture, bien qu'elles ne soient pas identiques; il est probable que l'identité se manifeste surtout dans les tours embryonnaires; la cloison de *K. gemmatum* évolue et le complique plus rapidement, prenant alors une disposition voisine de celle de certains *Pachydiscus* tels que *P. Quiriquinæ* PHIL. in STEINMANN (*loc. cit.* page 77, fig. 5) et *P. Neubergicus* V. HAUER sp. (in DE GROSSOUVRE, p. 176) disposition caractérisée par la ligne à peu près droite que font du siphon à l'ombilic, les terminaisons des lobes et la tendence de l'ensemble à formes des groupes compacts et rectangulaires.

L'étude ontologique de *K. gemmatum* a une signification importante, car elle nous semble prouver qu'une partie du groupes hétérogène des *Pachydiscus*[1] dérive du groupe des *Kossmaticeras* tels que *Kossm. (Holcodiscus) Madrasinum, Kalika* etc.; nous proposons de donner à ce groupe divergent, qui aboutit aux formes « pachydiscoïdes », le nom de **Grossouvrites**. Ainsi que l'a déjà remarqué M. STEINMANN, cette parenté avec les *Kossm. Madrasinum, Kalika* etc. est surtout manifeste dans les tours internes, seule partie dans laquelle les constrictions existent. Tous les détails de la description de M. STEINMANN s'appliquent à nos échantillons. Cette forme se distingue en outre des autres *Kossmaticeras* parce qu'elle est étroitement ombiliquée. Il y a lieu de remarquer toutefois que les jeunes *Parapachydiscus* et leurs cloisons (figurées par M. PERINQUIÈRE) montrent des lignes suturales différentes de celle de *K. gemmatum* font voir nettement, que, s'il y a des *Pachydiscus* qui dérivent de *Kossmaticeras*, il y en a d'autres que, dès le jeune âge, dès les tours internes, sont nettement caractérisés; le genre *Pachydiscus* n'est donc fort probablement qu'un groupement « polyphylétique ».

Gisement: Ile Seymour.

Fréquence: Commun.

Horizon habituel: Sénonien de Quiriquina (Chili). Des espèces voisines se rencontrent dans le groupe d'Aryaloor de l'Inde méridionale.

Sous-genre **Grahamites** KILIAN et REBOUL.

Groupe de **Kossmaticeras Skidegatense** WHITEAVES sp.

Kossmaticeras (Grahamites) Skidegatense WHIT. sp.

Pl. XVIII, fig. 3.

1876. *Am. Skidegatensis* WHITEAVES, Crét. Vancouver (Mesoz. Foss.), Vol. 1, Part. I, p. 34, Pl. VII, fig. 1. Pl. IX, fig. 1.

Diamètre de l'échantillon: 54 m/m.

Epaisseur: 17 m/m.

---

[1] M. KOSSMAT avait du reste été frappé lui aussi (p. 88) de la parenté des *Holcodiscus* néocrétacés (*Kossmaticeras* DE GROSS.) et en particulier de *K. pachystoma* avec les *Pachydiscus*.

Nous rapprochons de cette espèce, et notamment de la figure 1 de la Pl. IX de M. WHITEAVES,, une Ammonite que cet auteur avait rapprochée des *Perisphinctes*, à côtes espacées, présentant de rares constrictions qui coupent *obliquement* les côtes et montrent par leur disposition qu'il s'agit bien d'une forme perisphinctoïde de *Kossmaticeras.*

Les tours internes sont inconnus. Dans l'âge moyen les côtes sont régulièrement bifurquées comme dans une des figures de M. WHITEAVES; le point de bifurcation est subépineux; en tous cas, si nos échantillons n'appartiennent pas à l'espèce de M. WHITEAVES, ils en sont infiniment voisins; les tours sont, dans l'adulte, beaucoup plus comprimés que dans la figure de M. WHITEAVES. Les côtes primaires sont dirigées en avant dans la région ombilicale et a partir du point de bifurcation, deux branches très écartées ont une tendance à se diriger en arrière; en somme notre forme paraît être une variété moins renflée de *Am. Skidegatensis* WHIT.

Cloisons inconnues.

Fréquence: Rare.

Gisement: Snow-Hill.

Horizon habituel: Crétacé moyen de l'île de la Reine Charlotte (avec *Tetragonites, Inoceramus sulcatus* PARK. *Gryphaea Nebrascensis* MEEK. a. H.

Sous-genre: Seymourites KILIAN et REBOUL..

Groupe de Kossmaticeras Loganianum WHITEAVES sp.

Kossmaticeras (Seymourites) Loganianum WHIT. sp.

Pl. XVIII, fig. 2 (Echantillon grossi deux fois).

1876. *Am. Loganianus* WHITEAVES, Geol. surv. Canada (mesor. Foss.) Vol. I, Part I, p. 27—30, Pl. VIII, fig. 1—2.
1884. *Olcostephanus Loganianus* WHIT. — id. — Part III, Pl. 23, fig. 1, p. 111.

Cette espèce est un type «coronatiforme» des *Kossmaticeras*, que M. WHITEAVES avait d'abord rapproché des *Macrocephalites*, puis des *Holcostephanus* et que HYATT avait comparé à *Coeloceras Humphriesianum;* on y remarque deux constrictions obliques aux côtes, qui ne sont pas représentées dans les figures de M. WHITEAVES.

Notre unique exemplaire est assez petit et nous ne croyons pas devoir en donner une description plus détaillée, renvoyant à celle donnée par M. WHITEAVES, qui s'applique exactement à notre échantillon.

Cloisons inconnues.

Fréquence: Un échantillon.

Gisement: Snow-Hill.

Horizon habituel: Crétacé moyen de l'île de la Reine Charlotte.

Pachydiscus ZITTEL 1884 (sensu lato).

Sous-genre *Parapachydiscus* HYATT.

M. DE GROSSOUVRE a restreint la dénomination générique de *Pachydiscus* au groupe de *Pach. Neubergicus* V. HAUER sp en en excluant les formes voisines de l'*Am. peramplus* D'ORB. dont les cloisons sont un peu différentes. Or *Am. peramplus* est précisément le type du genre *Pachydiscus* et, si l'on veut distinguer en un groupe spécial la série des formes voisines d'*Am. Neubergicus*, il convient, ainsi que l'ont fait observer divers auteurs et notamment M. PERVINQUIÈRE, de donner à ce nouveau groupe un nom différent, celui de *Parapachydiscus* proposé par HYATT (Textbook of Palæontology, by H. v. ZITTEL, London 1900, p. 570), pour le groupe de *Pach. Gollevillensis* D'ORB. sp.

Il importe de rappeler que le genre *Pachydiscus* paraît n'être qu'un groupement polyphylétique, comme beaucoup de Genres d'Ammonitidés tels que *Holcostephanus*, *Hoplites*, etc.

ZITTEL avait rattaché à ce genre un certain nombre de formes barrémiennes (*Am. Percevali* UHL. *A. Guerinianus* D'ORB., *A. pachycyclus* UHL). que M. UHLIG avait rangés dans les *Aspidoceras* et dont les cloisons (Wernsd. Sch. Pl. XXVII, fig. 1—2) se rapprochent notablement de celles de certains *Pachydiscus* de la Craie supérieure.

M. HAUG [1] a décrit d'autre part, sous le nom de *Pachydiscus Neumayri* E. HAUG, des formes reliant les *Desmoceras* (sensu lato) aux *Pachydiscus* et l'un de nous a, dès 1892 (Arch. Museum de Lyon T. V), attiré l'attention sur l'analogie d'un exemplaire adulte de *Puzosia Matheroni* D'ORB. sp. avec certains *Pachydiscus*.

M. DE GROSSOUVRE (Am. de la Craie, p. 167) voit d'autre part dans les *Desmoceras* (sensu lato) l'origine du groupe de *Pachydiscus Neubergicus*.

Enfin M. JACOB (Thèse sur le Crétacé moyen, Grenoble 1907, p. 73) a montré que certains *Pachydiscus* tels que *Pach. Vaju* STOL. [2] sp. dérivent d'*Uhligella* du groupe de *Uhl. balmensis* CH. JACOB, c'est-à-dire d'un sous-genre de *Desmoceras*, et que des formes analogues se différencient dès l'Aptien supérieur et l'Albien.

D'autres soi-disant *Pachydiscus* pourraient, d'après M. DE GROSSOUVRE, avoir leur origine dans les *Sonneratia* (BAYLE, emend. JACOB).

M. KOSSMAT de son côté a remarqué les liens qui unissent le groupe de *Pach. peramplus* à certains *Kossmaticeras* (*K. pachystoma*) et insisté d'autre part sur l'analogie des *Kossmaticeras* (*Holcodiscus*) néocrétacés avec *Pach. Newberryanus* GABB.

---

[1] 1889 Beitrag zur Kenntniss des Oberneocomen Ammoniten-Fauna der Puezalpe bei Corvara (Süd Tirol). — (?) *Pachydiscus Neumayri* p. 12.

[2] que M. DE GROSSOUVRE (Craie sup^re, p. 718) fait rentrer dans les *Kossmaticeras*.

sp. et sur les rapports qui existent entre les lignes cloisonnaires de ces formes (v. ante fig. 15).

Nous avons d'autre part fait voir que certains *Kossmaticeras* du groupe *Grossouvrites*, tels que *K. gemmatum* HUPPÉ, réalisent des formes adultes du type *Pachydiscus* et que leur ligne suturale se rapproche singulièrement de celle des formes habituellement rangées dans ce genre.

Rappelons aussi que M. KOSSMAT avait attribué à ce groupe l'*Am. rotalinus* STOL. ainsi que *Pachydiscus Jimboi* KOSSM. et *P. Anapadensis* KOSSM. qui paraissent être des *Kossmaticeras* voisins du sous-genre *Jacobites* (v. plus haut).

La ligne suturale des *Pachydiscus* du groupe de *Parapachydiscus Gollevillensis* D'ORB. sp. est d'ailleurs notablement différente de celle de *Pach. peramplus* [a] et se rapproche beaucoup de celle de *Kossmaticeras* (*Grossouvrites*) *gemmatum* HUPPÉ sp.

Il semble donc que le type *Pachydiscus* (sensu lato) soit un simple *stade* auquel arrivent simultanément, dans le Néocrétacé, divers rameaux dérivant des souches *Puzosia*, tels que *Puzosia* (sensu stricto) *Uhligella* et *Kossmaticeras* et *Hoplites*

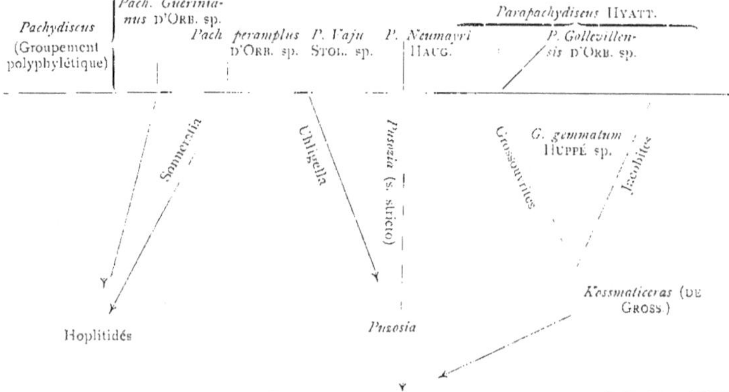

Fig. 20 — représentant les origines multiples du groupe *Pachydiscus*.

(*Sonneratia*). Ce stade est caractérisé, dans *Parapachydiscus*, au point de vue de la ligne suturale, par une plus grande complication, mais le plan général de la ligne

---

[a] Les *Pachydiscus* du groupe *Pach. peramplus* se rencontrent dans l'étage de Trichinopoly et dans le Turonien. Les *Parapachydiscus* sont surtout abondants dans le Campanien de diverses régions. (France, Indes, Afrique, etc.)

[1] *Pach. rotalinus* STOL. sp. est cité du Groupe d'Ootatoor (Cénomanien). mais outre que cette provenance est douteuse, d'après M. KOSSMAT, cette forme se rattache plutôt aux *Kossmaticeras*.

cloisonnaire est le même que dans *Puzosia;* les seules différences se montrent dans la chûte *moins rapide* ou nulle des éléments auxiliaires voisins de l'ombilic (v. ante, fig. 16, 17).

Pachydiscus (Parapachydiscus) aff. Gollevillensis D'ORB. sp.
Pl. XIX, fig. 3.   Pl. XX, fig. 1.

1842. *Am. Lewesiensis* D'ORB. Paléont. Franç. Terr. crét. I, p. 336, pl. CI (non Pl. CII, fig. 1 et 2).
1850. *Am. Gollevillensis* D'ORB. Prodrôme de Paléontologie II, p. 212, Ter. Crét., fig. .
1895. *Pachydiscus Gollevillensis* D'ORB. sp. in Kossmat Sud Ind, Kreidef., Pl. XV, fig. 1 a-b-c (pour la
   synonymie, v. KOSSMAT loc. cit. p. 97, 162.)

Diamètre de l'Echantillon: 205 m/m.

Un grand échantillon, en partie revêtu de son test nacré, et qui d'autre part permet de voir d'une façon très nette la ligne suturale, échantillon bien connu, car il a été reproduit dans les ouvrages de M. NORDENSKJÖLD, se rapproche énormément de la figure donnée par M. KOSSMAT, (Pl. XV, fig. 1 a-b-c); la section des tours, plus rétrécie du côté ventral que dans la figure donnée par M. DE GROSSOUVRE, est identique à celle de notre échantillon (DE GROSSOUVRE Am. Craie sup. Pl. XXIX, fig. 4). En revanche notre forme diffère légèrement de celle de l'Inde par ses côtes ombilicales également épaisses mais plus nombreuses; elle est sensiblement moins renflée que *Pachyd. Ootacodensis* STOL. sp.; elle se distingue de *Pach. Neevesii* WHIT. par ses côtes ombilicales bien marquées et ne peut être confondue avec *Pachydiscus Quiriquinae* PHILIPPI (in STEINMANN), à cause de la forme de son ouverture et de ses côtes ombilicales accentuées et d'allure différente, malgré la grande analogie de sa ligne suturale (STEINMANN loc. cit. p. 77, 195). Somme toute, tous les caractères de ce dernier correspondent à notre exemplaire, sauf que l'ornementation y est plus serrée. Notre échantillon se rapproche également beaucoup de *Am. Levesiensis* D'ORBIGNY sp. (v. synonymie dans GROSSOUVRE Am. Craie sup. p. 214). Cet exemplaire rentre parfaitement dans les limites de variations de *Pachydiscus Gollevillensis* D'ORB. sp. ainsi que les a définies M. DE GROSSOUVRE; c'est bien un *Parapachydiscus.* [1]

Gisement: Ile Seymour.

Horizon habituel: Des formes de ce groupe se rencontrent dans le Campanien du S. O. de la France, dans le Sénonien de l'Inde, du Japon, du Natal, de Van-

---

[1] Notre espèce se rapproche de *Pachyd. colligatus* v. BINCKH. sp. (Synonymie in DE GROSSOUVRE [Am. Craie supérieure] p. 202), *Pach. Neubergicus* v. HAUER sp., *P. epileptus* REDT sp., *Pach. Jacquoti* SEUNES sp., *Pach. Fresvillensis* LAMK. sp., *Pach. subtililobatus* JIMBO, *Pach. subrobustus* DE GR., *Pach. Cayeuxi* DE GR., *Pach. Egertonianus* FORB., *Pach. Crishna* FORB. sp., (= *P. Egertonianus* STOL. Pl. LIII, fig. 4), *Pach. Quiriquinae* PHIL. (in STEINM.), *Pach. Ootacodensis* STOL. sp. (des Aryaloor Beds), *Pach. Launayi* DE GROSS., *Pach. Ganera* FORB. sp., *Pach. Naumanni* YOK, *Pach. Sutneri* YOK, *Pach. Stobaci* SCHLÜT. sp., *Pach. Aryaloorensis* STOL. sp. des C. de Trichinopoly, *Pach. Dülmensis* SCHLÜT. sp. — *Pach. Gollevillensis* est le seul représentant du genre *Pachydiscus* qui ait été rencontré dans les couches à *Trigonoarca* de Pondichéry.

44   W. KILIAN ET P. REBOUL,   (Schwed. Südpolar-Exp.

couver, du Chico Group etc.; *Pach. colligatus* a été cité par M. DOUVILLÉ de Madagascar.

Pachydiscus (Parapachydiscus) sp.
Pl. VI, fig. 2.

Notre Planche VI, fig. 2, représente le moulage de la partie ombilicale d'une Ammonite de grande taille, dans laquelle se voit l'amorce de côtes ombilicales épaisses et épineuses qui paraissent certainement appartenir à une forme de *Pachydiscus* du Groupe de *Pach. Gollevillensis-Neubergicus* ou espèces voisines.

Comme c'est le seul échantillon de cette forme que renferment les matériaux recueillis par l'expédition antarctique suédoise, nous avons fait figurer ce fragment.

Gisement: Snow-Hill.

Fréquence: Un échantillon.

Horizon habituel: Les espèce de ce groupe sont répandues dans le Sénonien de divers pays (v. l'espèce précédente).

C. Belemnoidea.

IX. Belemnites LAMARCK 1811.

Belemnites ou Belemnitella sp. indét.

Fragment conique, cloisonné, semblant être un phragmocône de Bélemnite et ressemblant, au premier abord, à un *Orthoceras*. L'échantillon étant incomplet et privé de son rostre, il est impossible de savoir s'il s'agit d'une Bélemnite ou, ce qui est plus probable, d'une *Belemnitella*.

Gisement: Snow-Hill. Un échantillon unique.

Considérations paléontologiques.

La faune que nous venons d'étudier et qui n'était comme que par quelques fragments[1] publiés par M. STUART WELLER possède une physionomie bien carac-

---

[1] STUART WELLER, The Stokes collection of antarctic Fossils (The Journ. of Geol. T. XI No 4) Chicago 1902.

L'auteur figure les échantillons suivants recueillis à Snow-Hill durant un séjour en Février 1902 par M. STOKES, attaché comme artiste de « l'Antarctic » à l'Expédition antarctique suédoise, et étudiés par M. STANTON:

Olcostephanus antarctica n. sp. (qui n'est autre que notre *Kossmaticeras* (*Gunnarites*) *antarcticum*).

Haploceras sp. (Ammonite indéterminable).

Hamites elatior FORBES (in WHITE).

Hamites sp.

(Ces deux dernières formes se rapportent sans doute à l'espèce décrite plus haut sous le nom de *Anisoceras notabile* WHIT. sp.)

térisée par le rôle qu'y jouent les formes spéciales de la province indo-pacifique telles que nous les connaissons par les monographies de BLANFORD et STOLICZKA, KOSSMAT, YABE, WHITEAVES, LEMOINE, BOULE et THÉVENIN, WOODS, CRICK, etc.

Sauf une Bélemnite indéterminable et quelques *Nautilus* d'une type du reste répandu dans les Indes et à Madagascar, nous y relevons en effet parmi les Ammonitidés les éléments suivants:

Le groupe des *Phylloceras* ne compte que deux espèces: l'une est connue déjà de l'Inde (*Ph. Surya*), l'autre, fréquemment confondue avec *Ph. Velledæ* du Gault, des gisements néocrétacés de la côte pacifique du continent américain (*Ph. ramosum* MEEK.).

Les *Lytoceratités* présentent une série de formes caractéristiques appartenant, les unes au genre *Gaudryceras* qui a fait son apparition dans le Gault méditerrannéen d'Europe [1] et qui s'est répandu à l'époque néocrétacée jusques dans les Indes, le Japon, Madagascar, le Natal et Vancouver, les autres aux genres *Tetragonites* et *Pseudophyllites*, également caractéristiques du Crétacé supérieur indo-pacifique. Parmi les premières nous citerons *G. multiplexum*, *G. vertebratum*, *G. Kayei*, *G. Varagurense* et *G. politissimum;* parmi les dernières *Tetr. epigonum* et *Pseudophyllites Indra.*

Les *formes déroulées* se rapportent aux *Anisoceras* et appartiennent aussi à des types décrits sous le nom de *Hamites* et de *Diplomoceras*, dans le Néocrétacé de la plupart des régions citées plus haut pour *Gaudryceras.*

Quelques rares *Latidorsella* et *Hauericeras* appartenant aussi à des types cités dans l'Inde accentuent encore le cachet de cet ensemble.

Les *Pachydiscus* appartiennent à un groupe (*Parapachydiscus*) également connu et répandu dans le Sénonien indo-pacifique et dans le Sénonien d'Europe.

Le nombre considérable et la variété de formes des *Kossmaticeras* constituent le caractère le plus remarquable de la faune de Snow-Hill et de l'Ile Seymour. Nous avons plus haut analysé en detail les variations extrêmement curieuses que présentent les nombreuses formes de ce groupe; elles permettent de constater des phénomènes de convergence fort remarquable et la récurrence de types d'ornementation qui rappellent des genres plus anciens.

C'est ainsi que *Kossmaticeras antarcticum* est extrêmement intéressant par l'importance, que prennent dans cette espèce, les crénelures des côtes. tellement développées dans l'adulte qu'on croirait avoir affaire à certains *Douvilléiceras* du groupe de *Douv. mamillatum* SCHLOTH. sp.; — *Kossm. Anderssoni* présente tous les caractères d'un *Kossm. sparsicostatum* KOSSM. sp. dans les tours intérieurs, mais se modifie entièrement dans la partie correspondante à la loge, ou apparaissent des tubercules engendrant une ornementation très analogue à celle des *Tibetites*, des *Neu-*

---

[1] W. KILIAN, Trav. Lab. Géol. Univ. de Grenoble T. V. 1900, p. 614, et T. VI, p. 134. — CH. JACOB (Thèse); Trav. Lab. Géol. de Grenoble, T. VIII. 1907.

mayria, de certaines *Schlœnbachia* (*Schl. rhombifera*), des *Prionocyclus* et des *Barroisia*. D'autres formes (groupe de *Kossm. Bhavani*) présentent, dans les tours internes, une grande analogie avec certains *Virgatites*.

Ces résultats confirment les observations de E. VON MOJSISOVICS sur les Ammonitidés du Trias, de M. EM. HAUG sur les *Goniatites* ainsi que les remarquables études faites récemment par M. CH. JACOB sur les Ammonitidés, jusqu'alors si peu connus dans leur évolution, de l'étage Albien.

Il apparait ainsi de plus que les caractères pris jusqu'à présent pour base des classifications proposées peuvent varier indépendamment les uns des autres ou simultanément dans des formes appartenant à un même tronc phylogénétique; même la ligne suturale à laquelle on attachait récemment encore une si grande importance ne peut plus fournir à elle seule et sans l'intervention de considérations ontologiques approfondies, un criterium suffisant pour établir une classification naturelle.

Le jeu compliqué de ces variations, dont quelques-unes paraissent solidaires les unes des autres, a donné naissance à une prodigieuse variété d'espèces et de genres et realisé à des époques différentes et dans des groupes d'Ammonites phylogéniquement très distincts, des « **convergences** » remarquables et des « **livrées** » très analogues. L'étude de ces transformations est extrêmement délicate et commence à peine à donner des résultats rationnels; mais il semble que l'on puisse entrevoir le moment, où les **lois**, qui régissent les variations des différents caractères de la coquille des Ammonitidés et les rapports de ces caractères entre eux, seront complètement établies. La connaissance de ces lois aura vraisemblablement pour conséquence une simplification synthétique très grande de la classification et fournira enfin, il faut l'espérer, le fil directeur permettant de s'orienter dans le dédale si compliqué qu'offre aujourd'hui le catalogue essentiellement analytique des Ammonites des temps secondaires. En attendant cette simplification désirable, il importe cependant d'établir autant de sections distinctes que le permet l'examen critique des aucuns genres si souvent artificiels et polyphylétiques. Les beaux travaux d'E. DE MOJSISOVICS et ceux de M. HAUG nous ont donné à ce sujet des enseignements suggestifs. Les faits nouveaux si nombreux réunis récemment par MM. DIENER, SOLGER, CH. JACOB et PERVINQUIÈRE, ainsi que ceux que nous signalons dans le présent travail, auront certainement contribué pour une part à nous rapprocher de cette synthèse.

Une autre remarque s'impose à propos de cette faune; c'est la **longévité** de certains types, tels que *Phylloceras Velledae-ramosum*, *Tetragonites*, *Gaudryceras* (groupe de *G. Sacya*), *Latidorsella* (*L. latidorsata*, *L. inanis*) qui ont des représentants dans l'Albien de la province méditerranéenne dont les formes sénoniennes indopacifiques ne diffèrent que très légèrement.

Répartition des Espèces recueillies.

Les espèces se répartissent comme suit dans les localités indiquées sur la Carte de M. J. G. ANDERSSON (Pl. 6 du Bull. Geol. Inst. Ups. Vol. VII) par des numéros.

A. Ile de Snow-Hill.

— Localité 1. [S. de la Station d'hiver (S. om Stationen)]: — *Gaudryceras politissimum* KOSSM., *Gaudryceras* cf. *multiplexum* KOSSM., *Tetragonites* cf. *epigonum* KOSSM., *Desmoceras* cf. *sugatum* FORB. sp., (= *D. Loryi* n. sp.);
Kossmaticeras antarcticum ST. WELL. sp. (KIL. et REB.) (type figuré); *Kossmaticeras Bhavani*, STOL. sp., *K. gemmatum* HUPPÉ sp. = *K.* cf. *Cliveanum* STOL. sp., *K. Anderssoni* KIL. et REB. (très commun), (type figuré et jeune); — id —, var. *carinifera* KIL. et REB., *K. Theobaldianum* STOL. sp. var. (2 exemplaires), *K. Loganianum* WHIT. sp., *K. antarcticum* var. *Nordenskjöldi* KIL. et REB. (commun), *Kossmaticeras* sp.; en outre: Bivalves, Gastropodes et Polypiers. — D'après M. GUNNAR ANDERSSON ce gisement se fait remarquer par l'abondance de *Lucina Townsendi* WHITE, déterminé par M. le Dr WILKENS.

— Localité 2. (Terrass ofvan Stationen) — I: *Nautilus Blanfordianus* KIL. et REB. (assez rare), *Belemnites* sp., *Phylloceras ramosum* MEEK. sp., *Phyl. Surya* FORBES sp., *Gaudryceras politissimum* KOSSM., *G. multiplexum* KOSSM., *Anisoceras notabile* WHIT. sp. (assez commun), *Latidorsella* cf. *latidorsata* D'ORB. sp., *Desmoceras Loryi* KIL. et REB., *Kossmaticeras papillatum* STOL. sp., *K* cf. *recurrens* KOSSM. sp., *K. antarcticum* var. *Nordenskjöldi* KIL. et REB. (très commun), *K. gemmatum*, *K.* cf. *Buddhaicum* STOL. sp., *K. Gunnari* KIL. et REB., *K. Kalika* STOL. sp., *K. Cliveanum* STOL. sp., *K. Theobaldianum* STOL. sp., *K.* cf. *Karapadense* KOSSM. sp., (commun), *K. antarcticum* ST. WELL. (KIL. et REB.) (très commun), *K. Anderssoni* KIL. et REB. (très commun); Ammonites indéterminables. Les fossiles sont contenus dans des rognons gréseux particulièrement riches en *K. antarcticum* ST. WELL., qui renferment aussi des Crustacés.

II. — On remarque aussi quelques échantillons d'un calcaire rouge à *Polypiers*, *Latidorsella* sp. et *Desmoceras Loryi* KIL. et REB. Ce dernier horizon paraît être d'un type, relativement ancien comparativement avec autres gisements.

III. — De la même localité. provient un calcaire marno-grumeleux proocent un gris à *Kossm. antarcticum*, var. *Nordenskjöldi* KIL. et REB.

— **Localité 2 a.** —: *Gaudryceras* cf. *Kayei* FORBES sp., *Gaudryceras politissimum* KOSSM., *Puzosia* sp., *Kossmaticeras antarcticum* KIL. et REB. (très commun), *Kossmaticeras Anderssoni* KIL. et REB., *K. antarcticum* var. *Nordenskjöldi* KIL. et REB. (assez commun), *K. gemmatum* HUPPÉ sp. (2 exemplaires), *Kossmaticeras* sp. indéterminable; Polypiers. — La roche est un grès rognonneux rougeâtre.

— **Localité 3.** (Platå nära basalttoppen) —: *Nautilus* sp., *Kossmaticeras antarcticum* ST WELLER sp. (très commun), *Kossmaticeras antarcticum* var., *K. Kalika* STOL. sp., *K.* cf. *Anderssoni* KIL. et REB. (assez commun), *K. antarcticum*, ST. WELL. sp. var. *Nordenskjöldi* KIL. et REB., *K. gemmatum* HUPPÉ (très commun), *K. Madrasinum* STOL. sp., *K. Aemilianum* STOL. sp., *K. Gunnari* KIL. et REB., *K. Theobaldianum* STOL. sp.

— **Localité 4.** (Localité d'Ekelöf.): — *Pseudophyllites Indra* STOL. sp., *Pachydiscus* sp. — Ce gisement a fourni en outre *Lucina Townsendi* des Polypiers, des Bivalves et des Echinides.

— **Localité 5.** — (E. om Centralpyramiden). *Anisoceras notabile* WHIT. sp., *Gaudryceras Kayei* FORBES sp., *Tetragonites* cf. *epigonum* KOSSM. sp.

— **Snow-Hill** (sans indication de localité): *Anisoceras* sp., *Kossmaticeras Gunnari* KIL. et REB. etc., *K. gemmatum* HUPPÉ sp., *K. antarcticum* ST. WELLER sp., *K. Theobaldianum* STOL. sp., *K. Madrasinum* STOL. sp., *K. Aemilianum* STOL. sp., *K. Kalika* STOL. sp. —

     (Öfversta platån), *Pachydiscus* sp., *Kossmaticeras Bhavani* STOL. sp. (commun), *K.* cf. *gemmatum* HUPPÉ sp., *K. rotalinum* STOL. sp., *K. antarcticum* ST. W. sp. (commun). — En outre, de petits corps indéterminables (*Baculites* ou *Dentalium?*)

— **Localité 6.** — Calcaire marneux, gris noirâtre avec Polypiers au test blanc, renfermant: *Lytoceras* sp., *Desmoceras Loryi* KIL. et REB., *Hauericeras* sp., *Kossmaticeras recurrens* KOSSM. sp., *Kossmaticeras* sp., *K. Skidegatense* WHIT. sp., *K. Theobaldianum* STOL. sp., *K. Loganianum* WHIT. sp. — En outre petits corps indéterminables (*Dentalium* ou *Baculites?*).

     Cet horizon semble un peu plus ancien que les autres, la localité 6 se trouve au centre de l'île de Snow-Hill; les caractères pétrographique de la roche rappellent ceux de la localité 3. M. NORDENSKJÖLD y a recueilli des restes de Coniferes dans lesquels M. NATHORST a reconnu un type voisin de *Sequoia fastigiata* STERNB., forme connue des dépots crétacés, du Cénomanien au Sénonien.

B. Ile de Ross (C. Hamilton).

— **Localité 7.** — *Kossmaticeras Bhavani* STOL. sp. var. (? = *K. Cumshevaense* WHIT. sp.)

C. Ile Seymour.

— **Localité 8.** — *Kossmaticeras Bhavani* STOL. sp. (assez commun et portant comme indication: nahe südlich von den Lokalität 8, 2,3 km N. O. von der S. W. Bucht, etc. etc.) *K. Bhavani* STOL. sp. (Échantillon figuré), *K. Theobaldianum* STOL. sp., *K. Anderssoni* KIL. et REB., *K. Aemilianum* STOL. sp., *K. antarcticum* ST. WELLER sp., *K. gemmatum* HUPPÉ sp. Ce gisement rappelle la localité 4 de Snow-Hill; on y a cité également *Lucina Townsendi*.

En outre, de l'*Ile Seymour* (zwischen dem Sunde und dem Dépot; 1 km S. W. vom Dépot, etc.) *Nautilus* sp., *Phylloceras* sp., *Gaudryceras Varagurense* KOSSM., *Gaudr. Kayei* FORB. sp., *Kossmaticeras gemmatum* HUPPÉ sp. (très commun), *K.* cf. *recurrens* KOSSM., *K. Anderssoni* KIL. et REB., *K. Bhavani* var. *densicostata* KIL. et REB. (nombreux et beaux exemplaires), *K. antarcticum* var. *Nordenskjöldi* KIL. et REB., *K. Madrasinum* STOL. sp., *K. Aemilianum* STOL. sp., *K. Kalika* STOL. sp. On y a cité aussi *Lahillia* sp.

— — Du **Cap Bodman.** *Kossmaticeras* cf. *Bhavani* STOL. sp.; id var. *densicostata* K. et REB., *K. Madrasinum* STOL. sp., *K. gemmatum* HUPPÉ sp., *Pachydiscus* aff. *Gollevillensis* D'ORB. sp. (bel exemplaire figuré).

D. Sidney Herbert Sound («The Naze»): —
Kossmaticeras cf. *Bhavani* STOL. sp., *Kossmaticeras* sp.; *Ostrea* sp.

E. Ile Cockburn —: *Kossmaticeras antarcticum* var. *Nordenskjöldi* KIL. et REB., *K. antarcticum* ST. WELL. sp., *K.* cf. *Theobaldianum* STOL. sp. — M. J. G. ANDERSSON mentionne un *Callostium* sp. de ce gisement.

Ainsi que le font voir très nettement les énumération- précédentes, les fossiles étudiés dans ce mémoire semblent appartenir pour la plupart au même horizon; nous ferons exception cependant pour le calcaire rouge à *Polypiers, Latidorsella* et *Desm. Loryi* de la localité 2 et surtout pour les *calcaires gris et noirâtres de la Localité 6* de Snow-Hill qui ont fourni une faunule à cachet un peu plus ancien que les autres, notamment *Kossm. Skidegatense* WHIT. sp. et *K. Loganianum* WHIT. sp. qui, dans l'Amérique pacifique, se rencontrent dans des assises attribuables au Gault ou au Cénomanien (v. plus bas). Dans la localité 6 on a précisément aussi recueilli *Desm. Loryi*, un *Hauericeras* et des Polypiers. Il est donc à présumer qu'en ces deux points, existe, outre le niveau ordinaire à *Kossmaticeras antarcticum, Theobaldianum* et *recurrens*, un horizon inférieur à *Desm. Loryi*, Polypiers, *Kossm. Skidegatense* et *Loganianum*, pétrographiquement distinct, mais dont les fossiles ont été mélangé, lors de leur récolte, avec les précédents.

Tableaux des genres et espèces décrits, de leurs gisements et des formes déjà connues qui s'en rapprochent.

Genres.	Espèces.	Gisements Iles Seymour et Snow-Hill.	Gisements en dehors des régions antarctiques.	Formes voisines déjà connues et observations.	Niveau stratigraphique habituel (des espèces citées ou formes voisines).
Nautilus	*N. Blanfordianus* KIL. et REB. nov. sp.	Ile Seymour Snow-Hill loc. 2.	(= *N. Bouchardianus* autorum, non D'ORB.) — Sénonien du Pondoland (Woods); Zululand (d'après CRICK); Madagascar; Trichinopoly- et Arya-loor-group, Pondichéry (Inde mérid.). Quiriquina (Chili).	Cité sous le nom de *N. Bouchardianus* D'ORB. *Nautilus subplicatus* PHIL., *N. Orbignya-nus* FORBES., *N. indicus* D'ORB. *N. Valen-ciennesi;* HUPPÉ	Sénonien
Phylloceras	*Ph. Surya* FORBES sp.	Snow-Hill loc. 2.	Valudayurbeds (Inde mérid.): Quiriquina (Chili)		Sénonien
(Schlueteria?)	*Ph. (Schlueteria) ramosum* MEEK. sp.	Ile Seymour Snow-Hill	Pondoland; Falsebay (Zululand); Quiriquina (Chili); Madagascar; Sachalin; Japon; Californie; Van-couver; Allemagne du Nord; Arya-loor- et Ootatorgroups (de l'Inde); Santa-Fé-de-Bogota.	*Phyll. Velleda* MICH. sp. du Sénon. de Mada-gascar et Zululand, *Phyll. bizonatum* FRITSCH sp. *Phyll. Velledaeforme* SCHLÜT. sp. *Phyll. Knoxvillense* STANTON — notre espèce se rap-proche par les cloisons de *Ph. (Schlueteria) Pergensi* DE GROSS. *Ph. (Schl.) Larteti* SEUNES, *Ph. (Schl.) Reusseli* DE GROSS.	Sénonien (Emschérien)
Lytoceras s.g. **Gaudryceras**	*Ph. (Gaudryceras) multi-plexum* KOSSM.	Snow-Hill!	Cité de Madagascar, Sachalin, Japon, Californie, Ootatorgroup in-fér. (Inde mérid.); Vraconnien de Tunisie.		Emschérien, Vraconnien de Tunisie
»	*L. (Gaudryceras) verte-bratum* KOSSM.	Snow-Hill	Ootatorgroupinférieur (Inde mérid.)		Cenomanien
»	*L. (Gaudryceras) Kayci* FORBES sp.	Snow-Hill	Ootator et Trichinopolygroups. Valudayurbeds de l'Inde mérid., Nanaimogroup (Vancouver): Tuni-sie centrale, Quiriquina (Chili); Pondoland, Natal, Californie, Japon.	*Gaudr. Denmanense* WHIT. sp. — *Lyt. Jukesii* WHIT. sp. — *G. tenuiliratum* YABE. — *Lyt. planorbiforme* BOEHM sp.	Sénonien Santonien
»	*L. (Gaudryceras) Vara-gurense* KOSSM.	Ile Seymour Snow-Hill	Trichinopolygroup supérieur (Inde mérid.), Californie.	*Lyt. Jukesii* SHARPE sp (p. partei. — *Gaudr. striatum* JIMBO (in YABE.)	Sénonien
»	*Lytoceras* nov. sp.	Ile Seymour		*Lyt. (Gaudr.) Varagurense* KOSSM. sp.	Sénonien
»	*L. (Gaudryceras) mite* v. HAUER	Ile Seymour	Santonien de la Tunisie centrale, Sénonien de Gosau (Autriche), Trichinopolygroup, supérieur (Inde mérid.): Sud de la France.	*Gaudr.* cf. *mite* v. HAUER du Djebel Selbia (Tunisie). Cette espèce se confond peut-être, d'après M. KOSSMAT, avec *Gaudr. Vara-gurense* KOSSM.	Sénonien

			gascar, Scaphitesoccas du Japon (YABE)	Voisin de cette espèce.	
Lytoceras s/genre **Pseudophyllites**	*L. (Pseudophyllites) Indra* FORBES sp.	Snow-Hill (loc. 1)	Valudayurgroup (Inde mérid.) Nanaimogroup (Vancouver): Trigono-arcabeds de l'Inde Pondoland, Natal, Madagascar.	Voisin de *Gaudr. Colloti* DE GROSS. du Campanien du S. E. de la France. Formes voisines dans le Sénonien d'Europe.	Sénonien
Anisoceras	*An. notabile* WHITEAVES sp. (= *Diplomoceras notabile* WHIT. sp.)	Snow-Hill (loc. 2)	Aryaloor- et Valudayurgroups (Inde mérid.), Vancouver, Natal, Japon, Madagascar, Orégon, Quiriquina. Sénonien d'Europe.	On a figuré du Pondoland, sous le nom de *Hamites (Anisoceras) indicus* FORB. et *H. subcompressus* FORBES, des fragments qui paraissent se rapporter à notre espèce. *Anisoceras Haradanum* YOK. du Japon, également, est dans le même cas. — *Hamites cylindraceus* D'ORB. *H. elatior* FORBES. *H. Meyrati* OOST. *Ham. undulatus* FORBES.	Sénonien (surtout campanien)
»	*An. obstrictum* JIMBO sp.	Snow-Hill	Vancouver. Japon, etc.	*Hamites tenuisulcatus* FORBES, *H. largesulcatus* FORB., *H. rugatus* FORB.	Sénonien
Desmoceras[1] s/g **Latidorsella**	*D. (Latidorsella)* aff. *latidorsatum* MICH. sp., var.	Snow-Hill (Couches à Desm. latidorsatum et Polypiers)	Madagascar et Mozambique (Cénomanien), Ootatorgroup (Cénom.) de l'Inde mérid.	*Desm. inane* STOL. sp. p. parte.	Albien (Gault) et Cénomanien sup.
»	*D. (Latidorsella) Loryi* KIL. et REB. nov. sp.	Snow-Hill (loc. 2)	Trichinopoly et Aryaloorgroups (Inde mérid.), Californie, Japon (YOKOYAMA, JIMBO).	*Desmoceras sugatum* FORBES sp. (p. parte) — *D. Damesi* JIMBO (de Yesso).	Sénonien
s.g. **Hauericeras**	*D. (Hauericeras)* aff. *Gardeni* BAILY	Snow-Hill	Crétacé supérieur du Japon (Yokoama); Pondoland (Woods). Santonien de la Tunisie centrale. Aryaloor Group de l'Inde, Natal, Vancouver	Voisin de *H. pseudogardeni* SCHLÜT. sp. (Allemagne) et de *H. Fayoli* GROSS. d'Europe.	Sénonien
s.g. **Puzosia**	*D. (Puzosia)* sp.	Snow-Hill	Sénonien de l'Inde; Quiriquina	*Puzosia Gaudama* FORBES sp. — *P. indopacifica* KOSSM. — *P. Darwini* PHIL. — *P. (Kossmaticeras?) Denisoniana* STOL. sp.	Cénomanien
Kossmaticeras s.g. **Madrasites**	*K. (Madrasites) papillatum* STOL. sp.	Snow-Hill	Ootatorgroup inférieur (Inde mérid.)	*Holcodiscus Cliveanus* KOSSM.	Cénomanien sup.
»	*K. (Madrasites) Theobaldianum* STOL. sp. var. *Snow-Hillensis* KIL. et REB.	Snow-Hill	Aryaloor et Trichinopolygroup, Partie sup. (Inde mérid.), Madagascar, Californie etc.	Au Japon *Kossmaticeras Kotoi* JIMBO sp. et *Kossm. Ishikawai* JIMBO (Cénomanien) sont voisins du groupe de *K. Theobaldianum* STOL sp.	Sénonien
»	*K. (Madrasites) recurrens* KOSSM. sp.	Snow-Hill	Trichinopolygroup Partie sup. (Inde mérid.); Madagascar		Sénonien
»	*K. (Madrasites) Bhavani* STOL. sp., var. *Seymouriana* KIL. et REB. et *densicostata* KIL. et REB.	Ile Seymour	Aryaloor- et Trichinopolygroup (Inde mérid.)	*Holcodiscus Buddhaicus* KOSSM. *Holcodiscus* cf. *Theobaldianus* STOL. sp. in ANDERSON. *H. Cumshevaense* WHIT. sp.	Sénonien

[1] Nous considérons ici provisoirement *Latidorsella, Hauericeras* et *Puzosia* comme des sous-genres de *Desmoceras* bien que les *Desmoceras* (s. str.) (série de *D. difficile-Beudanti* n'aient très probablement aucune parenté avec ces groupes,)

Genres.	Espèces..	Gisements		Formes voisines déjà connues et observations.	Niveau stratigraphique habituel (des espèces citées ou formes voisines).
		Iles Seymour et Snow-Hill.	en dehors des régions antarctiques.		
Kossmaticeras s. g. **Madrasites** Kil. et Reb.	[*K. (Madrasites) Cumshewaense* Whit. sp.]	Snow-Hill	Vancouver, Californie; Crétacé moyen de l'Ile de la Reine Charlotte	(? *Kossm. Bhavani* Stol. sp.) *Holcodiscus Buddhaicus* Kossm. *Holcodiscus* cf. *Theobaldianus* Stol. sp. in Anderson. *H. Cumshevaense* Whit. sp.	Sénonien
,	*K. (Madrasites) pachystoma* Kossm. sp.	Snow-Hill	Trichinopolygroup (Inde mérid.)	Dans l'adulte cette espèce se rapproche de certains *Pachydiscus*.	Sénonien
,	*K. (Madrasites) Madrasinum* Stol. sp.	Snow-Hill	Aryaloorgroup (Inde mérid.)		Sénonien
,	*K. (Madrasites) Karapadense* Kossm. sp.	Snow-Hill	Aryaloorgroup Partie inf. (Inde mérid.)		Sénonien
,	*K. (Madrasites) Gunnari* Kil. et Reb. nov. sp.	Snow-Hill	Aryaloorgroup (Inde mérid.) (*K. Karapadense* Kossm. sp.)	Voisins de *Holcodiscus Karapadensis* Kossm.	Sénonien
s. g. **Gunnarites** Kil. et Reb.	*K. (Gunnarites) antarcticum* St. W. sp. et variétés *inflata* et *Bhavaniformis.*	Snow-Hill		*Amm. Carlottensis* Whit. *Kossm. pachystoma* Kossm. sp. *Amm. Stoliczkanus* Gabb. var. *spinifera. Kossm. Madrasinum* Stol. sp.	Sénonien
	K. (Gunnarites) antarcticum, var. *Nordenskjöldii* Kil. et Reb. nov. sp.	Snow-Hill	Formes voisines du Trichinopolygroup (Inde mérid.)	*Kossmaticeras antarcticum* St. W. *K. Karapadense* Kossm. sp. Cloisons très voisines de celles de *K. Karapadense* et *K. Buddhaicum* Kossm sp.	Sénonien
	K. (Gunnarites) Aemilianum Stol. sp.	Ile Seymour (loc. 8)	Aryaloorgroup (Inde mérid.)		Sénonien
	K. (Gunnarites) Kalika Stol. sp.	Ile Seymour (loc. 8)	Aryaloorgroup (Inde mérid.). Madagascar	= *K. Theobaldianum* du Sénon. de Madagascar in Boule, Thevenin et Lemoine.	Sénonien
s. g. **Jacobites** Kil. et Reb.	*K. (Jacobites) Anderssoni* Kil. et Reb. nov. sp.	Snow-Hill		*K. Buddhaicum* Kossm. sp. — *K. Pondicherryanum* Kossm. sp. et *K. sparsicostatum* Kossm. sp. — M. Woods a figuré (Pl. XLII, fig. 2) sous le nom de *Holcodiscus* nov. sp. une forme qui se rapproche beaucoup des tours internes de notre *K. Anderssoni*	Sénonien
,	*K. (Jacobites) Anderssoni* Kil. et Reb., var. *carinifera*	Snow-Hill		*K. sparsicostatum* Kossm. sp.	Sénonien
,	*K. (Jacobites) rotalinum* Netm. sp.	Snow-Hill	Ootatorgroup (?) et plus probablement Trichinopolygroup (Inde		Cénomanien (?) et Sénonien

s.g. **Grossouvrites** KIL. et REB.				Sous les cloisons voisines de celles de *Kossm. Theobaldianum* STOL. sp. — (= *Amm. Arauconus* PHILIPPI, du Chili)	
s.g. **Grahamites** KIL. et REB.	*K. (Grahamites) Skidegatense* WHIT. sp.	Snow-Hill	Crétacé moyen de l'Ile de la Reine Charlotte		Gault supérieur?
s.g. **Seymourites** KIL. et REB.	*K. (Seymourites) Loganianum* WHIT. sp.	Snow-Hill	idem		Gault supérieur?
Pachydiscus s.g. **Parapachydiscus**	*P. (Parapachydiscus)* aff. *Gollevillensis* D'ORB sp.	Ile Seymour	S. O. de la France (Campanien)—Sénonien de l'Inde, du Japon, du Natal, de Vancouver. — Seul *Pachydiscus* rencontré dans les couches à *Trigonoarca* (Valudayurbeds) de Pondichéry (Inde mérid.)	Cette espèce fait partie d'un groupe dans lequel on peut citer: *Pachydiscus Ootacodensis* STOL. sp., *P. Neevesii* WHIT., *Am. Levesiensis* D'ORB., *P. Crishna* FORBES sp., *P. colligatus* v. BINCKORST sp., *P. epileptus* REDT. sp., *P. Neubergicus* v. HAUER sp., *P. Jacquoti* DE GR., *P. Fresvillensis* LAMK. sp., *P. Egertonianus* FORBES sp., *G. Ganera* FORBES sp., *P. Naumanni* YOK., *P. Launayi* DE GROSS., *P. Sutneri* YOK., *P. Stobaei* SCHLÜT. sp., *P. subrobustus* DE GROSS., *P. Cayeuxi* DE GROSS., *P. Quiriquinæ* PHIL. in STEINMANN, *P. Aryaloorensis* STOL. sp., *P. Dülmensis* SCHLÜT. sp.	Sénonien supérieur (Campanien)
?	*P. (Parapachydiscus)* sp.	Snow-Hill			
Belemnites (?)	*Belemnites* (?) sp. indét.	Snow-Hill		Spécifiquement indéterminable.	

Nota. — On trouvera dans la liste bibliographique les indications relatives aux formes qui peuvent être comparées à celle qui nous venons de décrire et qui sont notamment celles de l'Inde méridionale (groupes d'Aryaloor, Valudayur et Trichinopoly), étudiées par FORBES, STOLICZKA et KOSSMAT, du Japon: Yesso (Hokkaido) (d'après MM. JIMBO et YOKOYAMA), de l'île de Sachalin (SCHMIDT), du N. O. de Madagascar (Études de MM. BOULE, LEMOINE et THÉVENIN), d'Ampenyate-River (Natal) d'après M. WOODS, de False-Bay et Manuan-Creek (Zululand) (recherches de M. CRICK), de l'île Queen Charlotte et de Vancouver qu'a décrites M. WHITEAVES (Nanaimo Group), de Californie (Chico-group) (d'après GABB), de Quiriquina (Chili) d'après les monographies de M. STEINMANN et de ses collaborateurs de Magellan, de Patagonie (d'après MM. WILCKENS, HAUTHAL, etc.), d'Assam, de Bornéo, etc.

Résultats stratigraphiques.

L'étude que nous venons de faire des Céphalopodes de Snow-Hill et de l'Ile de Seymour, et dont les principaux résultats sont réunis dans les tableaux des p. 50—53, nous permet de formuler les conclusions suivantes:

Les Ammonitides, au nombre de plus de 230, et dont quelques-unes sont d'une conservation remarquable, étant encore pourvues de leur test, proviennent d'une série de localités situées dans les îles Seymour et Snow-Hill, près de la côte nord-est de la terre de Graham. Tous ces gisements appartiennent à la même formation géologique (Néocrétacé) et ont fourni une faune assez homogène; la nature le plus souvent gréseuse de la roche, qui leur sert de gangue, semble indiquer un faciès terrigène. — Nous avons pu y reconnaître, outre un grand nombre d'espèces nouvelles, les formes suivantes: [1]

Nautilus aff. *Bouchardianus* D'ORB. (= *Blanfordianus* KIL. et REB.); — *Belemnites* (?) sp. indéterminable (un phragmocone); — *Phylloceras ramosum* MEEK. sp.; *Ph. Surya* FORBES sp.; — *Lytoceras* (grande taille), — *Pseudophyllites Indra* FORBES sp.; — *Gaudryceras politissimum* KOSSMAT (beaux échantillons); *G. Varagurense* KOSSM.; *G. multiplexum* KOSSM.; *G. vertebratum* KOSSM.; *G. Kayei* FORBES sp.; *Gaudr.* (groupe de *Sacya* STOL.); *Gaudryceras mite* V. HAUER sp.; — *Tetragonites epigonum* KOSSM.; — *Anisoceras* voisin de *Hamites* (*Anis.*) *cylindraceus* D'ORB.; *Anisoceras* (*Diplomoceras*) *notabile* WHIT. sp.; *Anisoceras obstrictum* JIMBO sp.; — *Desmoceras Loryi* nov. sp. (aff. *sugatum* FORBES sp.); *Desm.* (*Hauericeras*) aff. *Gardeni* BAILY sp.; *Desm.* (*Latidorsella*) aff. *latidorsatum* MICH. sp.; — *Kossmaticeras Theobaldianum* STOL. sp.; *Kossm. recurrens* KOSSM. sp. (abondant); *K.* cf. *Karapadense* KOSSM. sp.; *K. Clivcanum* STOL. sp.; *K. Madrasinum* STOL. sp.; *K. Aemilianum* STOL. sp.; *K. antarcticum* ST. WELLER sp.; *K. pachystoma* KOSSM. sp.; *K. Loganianum* WHIT. sp.; *K. Skidegatense* WHIT. sp.; *K. Kalika* STOL. sp. (très abondant); *K. Bhavani* STOL. sp.; *K. Cumshevaense* WHIT. sp.; *K. gemmatum* HUPPÉ sp. (cette espèce, que ses cloisons et son ornementation rapprochent des *Pachydiscus* est bien représentée à l'île Seymour); *K. rotalinum* STOL. sp.; — *Pachydiscus* aff. *Gollevillensis* D'ORB. sp. (voisin de *P. Quiriquinae* STEINM. sp. et de *P. colligatus* V. BINCKH.); *P.* (*Sonneratia*) sp.

[1] Cette liste est à substituer à l'énumération provisoire que l'un de nous a donnée en 1906 dans les Comptes Rendus de l'Académie des Sciences (loc. cit.) et dont l'étude attentive des matériaux a conduit à modifier certaines détermination: notamment *Holc. Buddhaicus*, *Holc.* cf. *Moraviatoorensis*, *Desmoc.* (*Puzosia*) *diphylloides* FORBES sp., *D.* aff. *Denisoni* STOL. sp., *Gaudr.* cf. *Sacya*, *Gaudrye.* cf. *Marut* STOL. sp. *G. imperiale* YABE, *G.* cf. *striatum* JIMBO, *Sonneratia* sp., dont la mention doit disparaître de notre liste.

Les espèces et variétés nouvelles sont: *Nautilus Blanfordianus*; — *Desm. (Latidorsella) Loryi*; — *Kossmaticeras (Madrasites) Bhavani* STOL. sp., var. *Seymouriana*; *K. Bhavani*, var. *densicostata*; *K. (Madrasites) Gunnari*; *K. (Gunnarites) antarcticum* ST. WELLER sp.; *K antarcticum* var. *Nordenskjöldi*; *K. antarcticum*, var. *inflata*; *K. antarcticum*, var. *Bhavaniformis*; *K. (Jacobites) Anderssoni*; *K. Anderssoni*, var. *carinifera*; *K. Theobaldianum* STOL. sp. var. *Snow-Hillensis*.

Cette faune est remarquable par le grand développement des espèces du groupe des *Kossmaticeras* dont les formes, plus abondantes ici que partout ailleurs, en constituent au point de vue numérique l'immense majorité (environ 250 individus sur 300 Ammonites); ces *Kossmaticeras* sont, comme on le verra par la suite, répandus également dans le Néocrétacé de l'Inde, du Chili, du Japon, de l'Afrique australe (d'après WOODS) et de Vancouver. Il est particulièrement intéressant d'assister ici à l'épanouissement de ce groupe *probablement dérivé des Puzosia* qui reproduit « par convergence » l'ornementation des *Holcodiscus* néocomiens, disparus des mers européennes après l'époque barrémienne, et qui devient, dans les mers néocrétacées indopacifiques, le point de départ d'une multitude de formes, chez lesquelles les modifications de l'ornementation produisent des *convergences* très curieuses avec des types appartenant à des souches très différentes. Les *Kossmaticeras* constituent l'élément prédominant de la faune des *Snow-Hill-beds* et des *Seymour-beds*.

Nous voyons également les *Lytocératidés* des groupes *Gaudryceras* et *Tetragonites*, dont l'apparition dans le Gault méditerranéen a été signalée par un de nous, puis étudiée récemment d'une façon approfondie par M. CH. JACOB, prendre un développement et un épanouissement tout à fait caractéristiques.

La plupart des Ammonites étudiées dans ce mémoire sont, ou identiques, ou très semblables à des espèces caractéristiques des assises de Trichinopoly (couches supérieures). d'Aryaloor et de Valudayoor dans l'Inde, c'est-à-dire du Sénonien; quelques types seulement (*Kossmaticeras* cf. *Cliveanum* STOL. sp., *K. Skidegatense* WHIT. sp., *K. Loganianum* WHIT. sp.), du reste rares et isolés, indiqueraient un niveau inférieur, mais il faut remarquer cependant que les formes les plus caractéristiques (*Schlœnbachia*, *Acanthoceras*, etc.) du Cénomanien et du Turonien y font complètement défaut.

Le type faunique rappelle à un haut degré celui des dépôts néocrétacés de l'Inde, ainsi qu'à un degré un peu moindre, mais cependant notable, celui du Crétacé supérieur (Nanaïmo-Group) de l'île de Vancouver, de la côte pacifique de Californie, du Japon, de la Patagonie, du Natal, du Pondoland, de Madagascar, etc. [1] La présence de *Kossmaticeras gemmatum* HUPPÉ sp., de *Lytoceras Kayei* FORBES

---

[1] V. dans la liste bibliographique les travaux de STOLICZKA, KOSSMAT, WHITEAVES, GABB, JIMBO, YABE, STEINMANN, WOODS, CRICK, BOULE, LEMOINE et THÉVENIN etc.

sp., de *Phyll. ramosum* MEEK. sp. ainsi que celle d'un grand *Pachydiscus* voisin de *P. Quiriquinæ* STEINM. et de *P. colligatus* v. BINCKH., à l'Ile Seymour, évoquent d'autre part, un rapprochement tout spécial avec les couches de Quiriquina (Chili) que nous ont fait connaître M. STEINMANN et ses collaborateurs. Quelques formes sont communes avec la Tunisie centrale.

Plusieurs espèces ont, ainsi que nous venons de le dire, un cachet plus ancien; ce sont notamment *Kossmaticeras (Seymourites) Loganianum* WHIT. sp., *Kossmaticeras (Grahamites) Skidegatense* WHIT. sp. Or ces espèces ont été décrites par M. WHITEAVES du Crétacé de l'Ile de la Reine Charlotte où elles sont accompagnées de formes (*Puzosia* cf. *planulata* SOW. sp., *Lytoceras Sacya* FORB. sp., *Schlœnbachia* [*Mortoniceras*] *inflata* SOW. sp., *Inoceramus concentricus* PARK., *In. sulcatus* PARK., *Gryphaea Nebrascensis* MEEK. and HAYD.) qui semblent indiquer un horizon voisin de celui du Gault supérieur. La gangue qui entoure ces fossiles n'est pas absolument la même que celle des couches de Snow-Hill à *Kossm. antarcticum* ST. WELLER sp.; ils proviennent de calcaires marneux noirâtres et non comme ces derniers, de nodules gréseux roussâtres.

Ajoutons encore, comme espèce dont l'horizon habituel est parfois considéré comme plus ancien que le Sénonien: *Kossmaticeras rotalinum* STOL. sp., cependant M. KOSSMAT a fait remarquer que la présence de cette forme dans les couches d'Ootatoor était douteuse et qu'elle paraît provenir en réalité d'un niveau plus élevé; *K. rotalinum* a du reste été rencontré récemment à Madagascar dans le Santonien et figuré par MM. BOULE, LEMOINE et THÉVENIN.

En résumé et comme il vient d'être expliqué, les Ammonites de Snow-Hill et de l'Ile Seymour sont très probablement réparties dans plusieurs horizons, à savoir:

— a. Calcaires noirâtres marneux de la localité 6 de Snow-Hill, à *Kossm. (Grahamites) Skidegatense* WHIT. sp. *Kossm. (Seymourites) Loganianum* WHIT. sp. à *Desm. Loryi* KIL. et REB. et Polypiers;

Calcaires rouges de la localité 2, à *Latidorsella, Desm. Loryi* et Polypiers.

Cet horizon a des affinités avec le Crétacé moyen et représente certainement l'assise la plus ancienne du complexe.

— b. Couches à rognons gréseux de Snow-Hill, caractérisées par l'extrême abondance de *Kossm. antarcticum* ST. WELLER.

— c. Couches marneuses grises de l'Ile Seymour (localité 8), et de la localité 4 de Snow-Hill avec *Pseudophyllites Indra* FORBES sp. et prédominance de *Kossm. Bhavani* STOL. sp. et de *K. gemmatum* HUPPÉ sp.

Nous ajouterons que sur l'Ile Seymour (local. 8) paraissent prédominer particulièrement les formes à test bien conservé du groupe d'Aryaloor et du niveau de

Quiriquina, telles que *Kossm. gemmatum*, Pach. aff. *Gollevillensis* avec *Kossm. Bhavani, Kossm. Aemilianum, Kossm. Madrasinum* et *Gaudryceras*.

À l'île Cockburn ainsi que dans les diverses localités de l'île Seymour (cap Bodman etc.) on observe une faune unique et homogène caractérisée par les *Kossmaticeras* cités plus haut, notamment par les *K. antarcticum* et *Anderssoni*.

Les espèces rappelant des horizons plus anciens (Ootatoor-beds) n'ont été rencontrées que dans certains points de Snow-Hill (localités 2 ^{VI} et 2 ^{VIII}) mais *mélangées aux formes habituelles* du niveau supérieur (Snow-Hill-beds, in J. G. ANDERSSON); correspondant aux formes de Aryaloor et de Trichinopoly) (couches supérieures).

Toutefois la localité 4 de Snow-Hill n'a fourni que *Pseudophyllites Indra* FORBES sp. et des *Pachydiscus* et paraît, comme celle de l'île Seymour (loc. 8) appartenir à un horizon supérieur du Sénonien (Older Seymour Island-Beds in ANDERSSON.)

Dans une note préliminaire (C. R. Ac. des Sciences, Paris, 1906, v. liste bibl.) nous avions donné une énumération provisoire des Ammonitides crétacées des Iles Seymour et Snow-Hill d'après un premier et rapide examen; il y a lieu de retrancher de cette liste un certain nombre de formes que nous avons reconnues depuis appartenir à d'autres espèces; ce sont *Holcodiscus (Kossmaticeras) Moraviatoorensis* STOL. sp. *Hocl. Buddhaicus* STOL. sp., *Puzosia diphylloides* KOSSM., *Desmoceras* aff. *Denisoni* STOL. sp., *Gaudryceras* cf. *Marut* STOL. sp., *Lytoc. imperiale* YABE, *Gaudryc.* cf. *Sacya* STOL. sp., *G. striatum* JIMBO, *Sonneratia* sp.

M. le Prof. J. G. ANDERSSON a exposé dans quelques pages d'un haut intérêt (On the Geology of the Graham Land; Bull. of the geol. Institute of Upsala t. V A. p. 35 et suiv.) ce que l'on sait des dépôts crétacés dans cette région. Ces formations ont fourni surtout des *Ammonites*, qu'accompagnent des *Pelécypodes*, des *Gastropodes*, des restes de *Poissons* et des Polypiers ainsi que quelques rares *Echinides* et des Crustacés décapodes. M. ANDERSSON y distingue deux assises:

a) les Snow-Hill-beds à la base;

b) les Older Seymour-Island-beds au sommet.

Ajoutons que quelques différences ont été signalées entre les formations crétacées de Snow-Hill et de l'île Seymour; c'est ainsi que les nodules sont rares à l'île Seymour et abondent à Snow-Hill; d'autre part les formes ne sont pas absolument identiques: c'est ainsi qu'une forme d'*Aporrhais* commun à Snow-Hill n'a pas été signalée à l'île Seymour; les Huitres communes à l'île Seymour, sont rares à Snow-Hill, etc.; enfin *Tubulostium callosum* STOL. est fréquent à Snow-Hill alors qu'à l'île Seymour, c'est une autre espèce de *Tubulostium* qui domine.

Il est ainsi possible en réunissant les indications fournies par nos déterminations et par les étiquettes des échantillon, aux renseignements publiés par M. G. ANDERS-

SON (loc. cit.) et en tenant compte des affinités des espèces reconnues, de dresser le tableau suivant des formations crétacées de la région considérée:

Tableau récapitulatif du Crétacé des Iles voisines de la Terre de Graham.

Dénominations adoptées:	Assises successives:		Équivalents divers:					
	Localité 9: couches à *Lahillia Luisa* WILCK, *Astarte venatorum*. etc., sans Ammonites. (Loc. 9 de l'Île Seymour.)		Patagonian beds à *Lahillia Luisa*.			*Maestrichtien.*	*Aturien.*	*Sénonien.*
Older Seymour Island beds.	Couches de Sidney Herbert à *Kossm. Bhavani* STOL. sp. Partie SW. de l'île Seymour (loc. 8) et loc. 4 de Snow Hill (Ekelöf's locality): Cap Bodman (*Kossm. Bhavani*). *Lahillia* sp. *Lucina Townsendi* WHITE.	*Pseudophyllites Indra,* FORB. sp., *Kossmaticeras gemmatum* HUPPÉ sp., *K. Bhavani* STOL. sp., *Gaudr. Paragurense* KOSSM., *Gaudr. Kayei* FORB. sp., *Pachyd.* aff. *Gollevillensis* D'ORB. sp., etc.	Couches de Quiriquina (Chili); Aryaloor-Beds. Nanaimo; Upper Chico.		*Campanien.*			
Snow Hill beds.	Couches sablo-gréseuses, glauconieuses. a nodules gréseux abondants, à *Kossm. antarcticum*, St. W. sp. (très abondant), *K. Anderssoni* K. et R., etc. (Localités 2. 3 et 5) etc. Ile Cockburn à *K. antarcticum*, var. *Nordenskjöldi* Kil., *Callostium* sp.		Upper Trichinopoly Beds.	(Santonien.)	*Emschérien.*			
	Localité 2 (p. parte) Calc. rouge à *Latidorsella, Desmoceras Loryi* et Polypiers. Localité 6 à *Sequoia fastigiata* STERNB. sp., *Puzosia Loryi* K. et R. Calcaires noirâtres à *K. Skidegatense* WHIT. sp. et *K. Loganianum* WHIT. sp.: *Hauericeras* et Polypiers (localité 6 de Snow-Hill).		C. d'Ootator dans l'Inde. Lower Chico-group.	(Lacune?) et transgression. *Cénomanien* et *Albien supérieur.*				

*   *

*

Les rapports avec le Néocrétacé de l'Inde sont très frappants; ont sait, d'après les travaux de FORBES, BLANFORD, STOLICZKA et les belles recherches de M. KOSSMAT que dans le district de Trichinopoly, les dépots *transgressifs* du Crétacé commencent par les couches à *Mortoniceras inflatum* SOW. sp. et comprennent ensuite une série d'horizons (couches d'Ootatoor de Trichinopoly et d'Aryaloor) tandis que dans le district de Pondicherry, la *partie supérieure seule* (1. Couches de Valudayoor, 2. couches à *Trigonoarca*, 3. couches à Nerinées) est représentée et correspond par sa faune d'Ammonites, étudiée par M. KOSSMAT, au Sénonien supérieur (Campanien) d'Europe (zones à *Pachydiscus Vari* et à *Pachydiscus Neubergicus* de M. GOSSOUVRE).

Nous citerons comme espèces caractéristiques de ce dernier horizon supérieur: *Gaudryceras Kayei* FORBES sp., *Pseudophyllites Indra* FORBES sp., des *Pachydiscus* du groupe *Gollevillensis* D'ORB. sp. etc.

Dans la région de Trichinopoly en particulier la série débute par les *couches d'Ootatoor* (*Utatur*) dont la partie inférieure, qui contient[1] déjà des *Gaudryceras* (*G. vertebratum* KOSSM.) et des *Holcodiscus* (*Kossmaticeras*) (*H. Cliveanum* STOL., *H. papillatum* STOL. sp. etc.) avec *Schlœnbachia inflata* SOW. sp. et *Acanth. Mantelli* SOW. sp. est vraconnienne, la partie moyenne rhotomagienne (riche en *Acanthoceras*) et la partie supérieure, également caractérisée par des *Acanthoceras* avec *Neoptychites Telinga* STOL. sp. et *Holcostéphanus* (*Fagesia*) *superstes* KOSSM. probablement turonienne.

Puis viennent l'assise de Trichinopoly, correspondant, au Turonien supérieur et au Santonien, et enfin celle d'Ariyaloor-Valudayoor qui représente le Campanien-Maestrichtien. Une série de formes caractéristiques telles que *Holcodiscus Theobaldianus* STOL. sp., *Holc. Bhavani* STOL. sp., *Desmoceras sugatum* FORBES sp., *Gaudryceras Varagurense* KOSSM., *Tetragonites epigonum* KOSSM. apparaissent dans les subdivisions supérieures de l'assise de Trichinopoly. Or ce sont justement ces espèces qui caractérisent nos gisements de Snow-Hill.

C'est donc avec ces dernières assises que la faune de Snow-Hill et de l'Ile Seymour a le plus d'affinités par le grand développement qu'y prennent les *Kossmaticeras* (*Holcodiscus* prius) et les *Pachydiscus*. M. KOSSMAT énumère, en effet, comme communes à l'assise de Trichinopoly supérieure et à celle d'Aryaloor: *Desmoceras sugatum* FORBES sp., *D.* (*Hauericeras*) *Gardeni* BAILY, *Holcodiscus Bhavani* STOL. sp., *Holc. Theobaldianus* STOL. sp. c'est-à-dire précisément les formes également répandues dans nos gisements antarctiques.

Il résulte de ces comparaisons que les formations crétacées des îles Snow-Hill et Seymour correspondent exactement dans leur ensemble par leurs caractères faunique au Sénonien (*sensu lato*) (= Santonien—Maestrichtien) du district de Trichinopoly dans l'Inde avec lesquels on peut les synchroniser.

Nous avons dit toutefois que certains gisements (Couches rouges de la localité 2 à *Latidorsella* cf. *latidorsata* MICH. sp. et calcaires noirâtres de la localité 6 à *Kossmaticeras Skidegatense* WHIT. sp. et *Loganianum* WHIT. sp.) ont un cachet un peu plus ancien (Vraconnien?) tandis que d'autre part, les gisements de la localité 8 (Ile Seymour) paraissent appartenir au contraire à un niveau plus élevé (Horizon d'Aryaloor).

La très grande majorité des formes étudiées indique donc un niveau du Crétacé supérieur voisin du Sénonien supérieur (*Aturien—Maestrichtien*) ainsi que le montre la présence d'espèces très caractéristiques telles que *Phylloceras ramosum* MEEK.,

---

[1] Cette faune comprend notamment: *Phyll. Velleda, Lytoceras Kayei, Lyt. Sacya, Lyt. multiplexum, Lyt. Marut, Lyt. Timotheanum, Kossmaticeras* (*Holcodiscus prius*) *Cliveanum, K. papillatum; Desmoceras latidorsatum, Acanthoceras,* sp. et *Schlœnbachia* sp.

Pseudophyllites Indra FORBES sp., *Pachydiscus Gollevillensis* D'ORB. sp., *Anisoceras notabile* WHIT. sp. etc.

Ce n'est pas avec le Crétacé de l'Inde seulement que notre faune néocrétacée antarctique offre des analogies; elle rappelle vivement celle du Crétacé supérieur des **côtes pacifiques de l'Amérique.**

Les dépôts crétacés de l'île de la Reine Charlotte ont fourni une série de Céphalopode (collections DAWSON etc.) que M. WHITEAVES a décrits et figurés et parmi lesquelles on remarque, outre des formes turoniennes (*Inoceramus labiatus* BRONGN.), des espèces du Crétacé moyen, telles que *Puzosia* cf. *planulata* SOW. sp., *Schlœnbachia inflata* SOW. sp., *Lytoceras Sacya* STOL. sp., *Inoceramus sulcatus* PARK., *In. concentricus* PARK., à côté d'espèces voisines des formes indiennes, comme *Kossmaticeras Loganianum* WHIT. sp., (décrit comme *Holcostephanus*), *Kossm. Cumshevaense* WHIT. sp. (décrit comme *Haploceras*), *Kossm. Skidegatense* WHIT. sp. — Ces formes sont accompagnées de *Sphenodiscus*, de *Gryphaea Nebrascensis* MEEK a. HAYDEN, de *Belemnites* et de *Tetragonites;* les couches qui les renferment représentent certainement un horizon voisin de celui du Gault supérieur (Vraconnien) et des couches inférieures d'Ootator de l'Inde. Nous avons vu plus haut que la faune de la localité 6 de Snow-Hill peut être rapprochée de ce niveau de l'Ile de la Reine Charlotte.

M. WHITEAVES (loc. cit)[1] a décrit également du Crétacé supérieur (Nanaimo-Group) de Vancouver et des îles voisines: 1° dans une division A: *Phylloceras ramosum* MEEK. (sous le nom de *Velledæ*), *Phylloceras Forbesianum* D'ORB. sp., *Pseudophyllites* sp., *Anis. (Diplomoceras) notabile* WHIT. sp., *Anis. subcompressum* FORBES, *Hamites cylindraceus* DEFR. sp., *Hamites obstrictus* JIMBO. *Hauericeras Gardeni* BAILY sp., *Pachydiscus Newberryanus* MEEK. sp., *Pach. Ootacodensis* STOL. sp. et *Pach. Neevesi* WHIT. Une faune analogue se trouve dans la partie supérieure du groupe de Chico en Californie (*Hamites cylindraceus* DEFR., *Desmoceras sugatum* FORBES sp., des *Pachydiscus* et des *Placenticeras*, *Phyll. ramosum* MEEK, *Lytoceras Kayei* FORBES sp.) d'après M. ANDERSON. Toutes ces associations (Nanaimo et Chico supérieur) rappellent au plus haut point celle que nous décrivons dans le présent mémoire, mais la partie inférieure du groupe de Chico est cénomanienne.

Sur la côte du Pacifique en Californie M. ANDERSON a décrit (des couches d'Horsetown) des faunes à cachet plus ancien que la nôtre (*Desmoceras Beudanti* BRONGN. sp. *Stoliczkaia dispar* STOL. sp., *Puzosia latidorsata* MICH. sp., *Kossmaticeras Theobaldianum* STOL. sp., *Kossm. Voyi* AND. sp., *Lytoceras Sacya* FORB. sp.,

---

[1] V. dans les ouvrages de M. WHITEAVES la bibliographie complète des publications relatives à ces couches.

Douvilléiceras mamillatum SCHL. sp.; mais il a fait connaître d'autre part dans le groupe de Chico: *Hamites (Anisoceras) cylindraceus* DEFR. sp., *Desmoceras* cf. *sugatum* FORBES sp., des *Pachydiscus* des *Placenticeras*, *Lytoceras Kayei* FORBES sp., *Pachydiscus Neuberryanus* MEEK., avec *Inoceramus labiatus* BRONGN., c'est-à-dire une faune nettement néocrétacée et fort voisine de la nôtre.

On remarque que c'est dans le Crétacé moyen (groupe d'Horsetown) de cette région que les *Kossmaticeras* paraissent s'individualiser pour la première fois comme rameau distinct des *Puzosia*.

Dans l'**Amérique du Sud** la faune de Quiriquina [1] (Chili) si bien étudiée, après M. Philippi, par M. STEINMANN et par ses collaborateurs (MM. WILCKENS, DEECKE, MOERICKE etc.) est également du même âge que la nôtre (Sénonien supérieur, Craie à Baculites); outre de nombreux Gastropodes et Pélécypodes, il y a lieu de citer: *Hamites* cf. *cylindraceus* DEFR. sp. *Lytoceras Kayei* FORBES sp., *Phylloceras ramosum* MEEK (= *Ph. Velledæ* aut., non MICH.) *Phylloceras Surya* FORBES, *Pachydiscus Quiriquinæ* STEINM., *Kossm. (Holcodiscus) gemmatum* HUPPÉ sp. *Lytoceras Varuna* FORBES sp., *Scaphites constrictus* var. *Quiriquinæ* STEINM., *Nautilus subplicatus* PHIL. (? = *N. Blanfordianus* KIL. et REB.).

Ce type du Crétacé supérieur contraste vivement avec le Sénonien d'un caractère si différent, à *Ostrea Nicaisei* COQ. et *Buchiceras*, que M. STEINMANN a décrit du Pérou, avec les assises à *Placenticeras* et *Tissotia* étudiées, dans la même région, par M. PAULCKE, avec le Néocrétacé du Vénézuela (*Mortoniceras*), etc. Rappelons aussi que M. WILCKENS a décrit de Patagonie une faune assez analogue à la nôtre (vide ANDERSSON). M. HAUTHAL cite un *Pachydiscus* de la même région, ainsi que *Hamites elatior* des environs de Magellan. M. PAULCKE mentionne, en outre, de la Patagonie du Sud, *Kossmaticeras Theobaldianum*.

Au **Japon** les faunes que nous ont fait connaître MM. YOKOYAMA, JIMBO, YABE, après les indications et découvertes de MM. BENJ. SMITH, LYMANN et NAUMANN, appartiennent au même type, caractérisé par le grand développement des Lytoceratidés (*Gaudryceras* et *Tetragonites* notamment). Nous relevons en particulier, parmi les formes citées par ces auteurs: *Phylloceras* cf. *Velledæ* (= *ramosum*), *Pseudophyllites Indra* STOL. sp., *Gaudryceras Sacya* STOL. sp., *Desmoceras sugatum*, FORBES sp. et *D. Damesi* JIMBO, *Hauericeras Gardeni* BAILY sp., des *Anisoceras*, des *Hamites*: *H. (Anisoceras) obstrictus* JIMBO, *Anis. Haradanum* JIMBO, des *Pachydiscus*: *P. Aryalurensis* STOL. sp., des *Holcodiscus (Kossmaticeras)*: *Kossmaticeras Jimboi* sp., *K. Ishikawai* JIMBO sp., (? = *Kossm. Cumshevaense* WHIT. sp.) et des *Puzosia* etc.

---

[1] V. pour les détails: WILCKENS. Revision etc., p. 183 et u. Jahrb. für Min., Beil. B. X, 1895.

D'après M. YABE on peut distinguer dans le Crétacé du Japon une série d'horizons allant du Cénomanien (à *Orbitolina concava* LAMK.) au Sénonien à *Pachydiscus*. La plupart des formes, qui rappellent notre Néocrétacé de Snow-Hill et de l'île Seymour et mentionnées ci-dessus, notamment les *Gaudryceras* et les *Tetragonites*, proviennent des horizons supérieurs. [2] Un mélange analogue d'espèces de l'horizon d'Ootator (Crétacé moyen) et des formes néocrétacées (Horizons de Trichinopoly et d'Aryaloor), avec *Gaudryceras* a été signalé à Sachalin et dans la Colombie britanique,

Sur la Côte de Diégo Suarez, à **Madagascar**, on a recueilli une forme de Céphalopodes crétacées dont MM. BOULE, THÉVENIN et LEMOINE ont décrit les éléments. A côté de nombreuses formes mésocrétacées. (*Brahmaites, Stoliczkaia, Acanthoceras, Schlœnbachia, Puzosia*), on y remarque un certain nombre d'espèces, notamment de la Montagne des Français, qui indiquent la présence probable du Sénonien (Emschérien); ce sont en particulier: *Phylloceras ramosum* MEEK, *Kossmaticeras* (*Pachydiscus*) *rotalinum* STOL. sp., *Kossm. Theobaldianum* STOL. sp., *K. recurrens* STOL. sp., *Gaudryceras multiplexum* KOSSM. sp. *Tetr. epigonum* KOSSM., *Hauericeras* etc., *Nautilus* cf. *Bouchardianus* D'ORB. (= *N. Blanfordianus* K. et REB.) de nombreux *Pachydiscus*, etc.

Cette faune est très voisine de celle de notre Néocrétacé antarctique.

En **Afrique**, M. CRICK de son côté, a décrit du Zululand (en face de Madagascar), un ensemble d'Ammonites du Crétacé moyen et supérieur parmi lesquelles nous notons *Phylloceras Velledæ* STOL. sp. (non MICH.) (= *Ph. ramosum* MEEK) des *Turrilites, Baculites, Knemoceras;* en particulier *Gaudryceras* aff. *Sacya* FORB. sp., *Tetragonites Timotheanum* PICT. sp., *Desmoceras* (*Latidorsella*) cf. *latidorsatum* MICH. sp., *D. inane* KOSSM., *Forbesiceras Largillertianum* D'ORB. sp., des *Acanthoceras*, des *Puzosia*, des *Nautiles* qui indiquent un horizon relativement ancien (Gault supérieur et Cénomanien) développé à False-Bay tandis qu'à Manuan-Creek une faunule composée de *Phylloceras*, de *Gaudryceras* avec *Anisoceras indicum* FORB. sp. et *subcompressum* FORB. sp., *Baculites, Schlœnbachia, Desmoceras, Hauericeras* et *Nautilus* aff. *Bouchardianus* accuse un horizon plus récent et comparable à celui des régions antarctiques que nous décrivons ici.

Dans le **Pondoland** (Afr. australe) et le **Natal** se rencontrent des faunes analogues décrites par M. WOODS (voir la liste bibliographique), nous y relevons notamment: *Nautilus* (p. 371, fig. 1) cf. *Blanfordianus* KIL. et REB., *Hauericeras Gardeni* BAILY sp., *H. Rembda* FORB. sp., *Pseudophyllites Indra* FORBES sp., *Tetragonites; Gaudryceras Kayei* FORBES sp., *Kossmaticeras* sp. (voisin de notre *K. Anders-*

---

[2] Ajoutons que *Gaudryceras tenuiliratum* YABE est assez voisin de *G. Varagurense* KOSSM. et que *Olcostephanus unicus* YABE (loc. cit. Pl. VI, fig. 5. p. 25) est sans doute un *Kossmaticeras*.

soni), *Hamites* (*Anisoceras*) *indicum* FORBES et *subcompressum* FORBES des *Baculites*, des *Scaphites*, *Schlœnbachia*, *Eulophoceras*, *Mortoniceras*, *Pachydiscus*, etc. Il semble l'a y avoir un mélange d'espèces néocrétacées appartenant aux horizons d'Aryaloor Valudayvor et Trichinopoly de l'Inde; l'ensemble faunique est d'ailleurs du même type que notre Néocrétacé de Snow-Hill.

M. FICHEUR a signalé un *Pachydiscus* et *Phyll. Velledae* à Fondouk.

En Tunisie, M. PERVINQUIÈRE a fait connaître la faune pyriteuse du Santonien supérieur du Djebel Selbia et y cite notamment: *Phylloceras Forbesianum* D'ORB. sp., *Gaudryceras Kayei* FORBES sp., *G. striatum* JIMBO, *G.* cf. *mite* v. HAUER, *Tetragonites epigonum* KOSSM., *T. Cala* FORBES sp., *Baculites* cf. *vertebratum* LAMK, *Bostrychoceras vertebratum* PERV., *Puzosia diphylloides* FORBES sp., *P. Gaudama* FORBES sp., *P. Leonis* PERV., *Hauericeras Gardeni* BAILEY sp., *H. Rembda* FORBES sp., *Pachydiscus Selbiensis* PERV., *Mortoniceras* (?) *Machueli* PERV.

D'après ce savant, la faune de Céphalopodes mésozoiques de Tunisie qui comprend environ 300 espèces dont 54 espèces nouvelles et une trentaine de variétés décrites par lui-même, est particulièrement riche et intéressante à de multiples points de vue; son analyse montre notamment que pendant toute la durée des temps secondaires, la Tunisie a partagé la fortune de tous les pays méditerranéens; toutefois, les communications plus faciles avec l'Inde et avec l'Afrique occidentale lui ont procuré un certain nombre de formes spéciales, dont les unes sont inconnues en France, tandis que les autres y sont, à tous les moins très rares. Enfin certaines Ammonites paraissent avoir eu là, leur centre de dispersion.

Au point de vue des Ammonitidés, le Crétacé inférieur tunisien montre les plus grandes affinités avec celui de l'Algérie, de même qu'avec celui d'Espagne, des Baléares, du Midi de la France, des Alpes (Tyrol) et des Carpathes; il existe dans le Barrémien des espèces communes avec la Colombie d'une part et la côte des Somalis de l'autre.

Mais c'est surtout à partir du Cénomanien que la faune devient intéressante et qu'à côté de formes repandues en Europe, nous rencontrons des espèces communes avec le Crétacé bathyal de l'Algérie et de l'Inde et des analogies avec la faune crétacée du Japon de Madagascar, de l'Est africain, du Portugal (*Neolobites*) et de l'Angola; les dépôts lagunaires de l'extrême Sud tunisien formaient sans doute alors le rivage méridional de la mer de cette époque qui l'étendait sur l'Egypte, l'Asie Mineure, la Syrie, la Perse, l'Inde et le Japon, sorte de Méditerranée (Mésogée) dont une branche septentrionale atteignait Vancouver tandis qu'une autre descendait au Sud sur l'emplacement de la Cordillère où elle a laissé des Ammonitidés caractéristiques (*Neolobites*, *Placenticeras*, *Knemiceras*, *Engonoceras*), ainsi qu'au Texas.

A l'époque turonienne les mêmes relations continuèrent d'exister comme le prouve la repartition de formes très spéciales (*Fagesia*, *Neoptychites*, *Pseudotissotia*,

Vascoceras); la mer s'étendait sur le Sahara et jusqu'au Brésil; mais ne communiquait pas directement avec Madagascar. Pendant les temps sénoniens, les communications avec l'Inde, le Japon, la Californie, le Chili et la région circumpacifique sont également attestées par des Céphalopodes spéciaux (*Lyt. Kayei, Lyt. epigonum, Puzosia diphylloides, Hauericeras* etc.); les rapports avec les dépôts du Cameroun sont également frappants; néanmoins les analogies (*Bostrych. polyplocum*) avec le Texas et le bassin parisien sont *moins accentuées*, la Tunisie faisant partie à ce moment d'une « province méditerrannéenne » caractérisée surtout par les *Barroisiceras* et les *Tissotia* alors que dans les régions du Nord de l'Europe régnaient des conditions très différentes avec la faune à *Belemnitelles*, qui, malgré des communications marines probables, fait complètement défaut dans le Nord de l'Afrique.

Les affinités des faunes de Céphalopodes crétacés que nous venons d'étudier dans le présent mémoire, tant en ce qui concerne les plus anciennes (**Crétacé moyen** à *Kossmaticeras Loganianum* WHIT. sp. et *Skidegatense* WHIT. sp.) que les plus récentes (**Campanien** à *Kossm. gemmatum* etc.), sont, on le voit. nettement *indopacifiques;* elles ont de nombreuses formes communes avec les dépôts de même âge de la côte pacifique de l'Amérique, de Vancouver au Chili par la Californie d'une part, et de l'autre avec celles de l'Inde, du Japon, de Madagascar, du Natal, du Pondoland, de l'Assam, du Zululand et de la Tunisie. Quelques types (*Pachydiscus*) seulement rappellent le Néocrétacé européen.

Les assises crétacées à *Kossmaticeras antarcticum* et *Kossm. Bhavani* de la terre de Graham, des Iles de Snow-Hil l et de Seymour se placent sensiblement au même niveau que les couches de Quiriquina (Chili), les couches d'Algarobo, celles du Téjongroup en Californie, les couches supérieures de Chico, [2] les *Phœnix-* and Henly-Beds dans l'Oregon, l'assise de Nanaimo dans la Colombie britanique, les Trichinopoly- et Aryaloor-Beds de l'Inde, les couches à *Pachydiscus* de Patagonie (Hauthal), correspondant à la grande **transgression sénonienne** qui paraît avoir atteint également Bornéo et la Nouvelle Zélande.

On a vu d'autre part que les faunes étudiées, qui appartiennent incontestablement au type indopacifique du Crétacé supérieur (Néocrétacé), sont caractérisées par les *Kossmaticeras* et l'abondance des Lytocératidés (*Gaudryceras, Tetragonites, Pseudophyllites*), contrastant avec le type atlantique à *Mortoniceras* et *Placenticeras*, et qu'elles rappellent celles qui ont été décrites dans les Indes anglaises (Trichinopoly, Ootator), à l'île de Sachalin, au Japon dans le N. O. de Madagascar, dans le Natal et le Pondoland, en Californie dans les iles de Vancouver et de la Reine Charlotte, à

---

[2] Equivalentes des Foxhill-beds de l'Amérique du Sud.

l'île de Quiriquina (Chili) et en Patagonie, par STOLICZKA et BLANFORD, WOODS, WHITEAVES, BOULE, LEMOINE et THÉVENIN. Elles ont aussi quelques affinités avec la faune néocrétacique de Tunisie que vient de nous faire connaître M. PERVINQUIÈRE (*Lytoceras Kayei* etc.).

Ainsi le type indopacifique du Crétacé supérieur s'étend de l'Inde, par Madagascar et l'Afrique australe (Natal, Pondoland, Zululand), jusqu'aux contrées antarctiques; il est donc très probable qu'une *communication marine* reliait par cette région, et en passant au Sud du Cap de Bonne Espérance, *l'Océan Indien et l'extrême Sud de l'Atlantique avec le bassin pacifique sud-oriental*, ainsi que l'a déjà soupçonné M. KOSSMAT, et comme l'indique le cachet faunique de la Craie (*à Gaudryceras*) du Natal. Cette communication a d'ailleurs été admise sur la carte paléogéographique du Crétacé supérieur dans la dernière édition du *Traité de Géologie* d'ALBERT DE LAPPARENT. Une autre communication paraît avoir existé dans le Nord du Pacifique, entre les mers néocrétacées de Vancouver et celles du Japon, par Sachalin et peut-être par les contrées arctiques. Dans toutes ces régions s'est fait sentir la *transgression campanienne* si bien mise en évidence par M. DE GROSSOUVRE (Cr. sup. p. 945).

Les espèces communes avec la **Craie du Nord de l'Europe** sont rares dans cette province indopacifique; cependant les études faites dans la Tunisie centrale par M. PERVINQUIÈRE (v. plus haut) semblent autoriser à admettre une communication indirecte par la Mésogée néocrétacée avec les mers de l'Europe septentrionale.

Il est à remarquer également que si des **migrations** intéressantes comme celle des *Gaudryceras* primitifs, des *Latidorsella* etc. paraissent s'être effectuées à l'époque albienne, de la Mésogée vers la région indomalgache où ces groupes se sont ensuite épanouis, mais ce n'est qu'avec le Crétacé supérieur que nous assistons a l'apparition, dans cette « Méditerranée centrale », individualisée comme province zoologique distincte depuis l'époque jurassique, d'éléments indopacifiques nombreux et caractéristiques.

Explication des Planches.

PLANCHE I.

Figure 1. *Nautilus Blanfordianus* nov. sp., de l'Ile Seymour (p. 8).
Figure 2.   »   »   »   »   (avec l'emplacement du siphon).
Figure 3 a 3 b. *Phylloceras ramosum* MEEK sp., de l'Ile Seymour (p. 9).
Figure 4. *Desmoceras Loryi* nov. sp., de Snow-Hill (p. 18).
Figure 5.   »   »   »   »   »   »
Figure 6. *Lytoceras (Gaudryceras) Varagurense* KOSSM., de l'Ile Seymour et de Snow-Hill
          (p. 13).
Figure 7.   »   »   *politissimum* KOSSM., de Snow-HIll (p. 14).
Figure 8.   »   »   »   »   »   »

PLANCHE II.

Figure 1. *Anisoceras (Diplomoceras) notabile* WHITEAVES sp., de Snow-Hill (p. 15).
          Reproduction d'un moulage en relief pris sur un échantillon dont nous ne
possédons que le moule en creux.

PLANCHE III.

Figure 1 a-1 b. *Anisoceras (Diplomoceras) notabile* WHITEAVES sp., de Snow-Hill (p. 15).

PLANCHE IV.

Figure 1. *Anisoceras (Diplomoceras) obstrictum* JIMBO sp., de Snow-Hill (p. 17).
          Reproduction d'un moulage en relief pris sur un échantillon dont nous ne
possédons que le moule en creux.

PLANCHE V.

Figure 1. *Anisoceras (Diplomoceras) notabile* WHITEAVES sp. (spire), de Snow-Hill (p. 15).
          Cet échantillon, très instructif, montre, par la présence très nette d'une *spire*,
que les fragments droits figurés Pl. II, III et IV appartiennent bien au genre
Anisoceras et non au genre *Hamites* (sensu stricto).

Nota : A moins d'indication contraire, tous les fossiles représentés ici le sont en grandeur naturelle.

PLANCHE VI.

Figure 1. *Anisoceras* (*Diplomoceras*) *notabile* Whit. sp., de Snow-Hill (p. 15).

Figure 2. *Pachydiscus* (*Parapachydiscus*) sp., de Snow-Hill (p. 44).

Reproduction d'un moulage en relief pris sur un échantillon dont nous ne possédons que le moule en creux.

PLANCHE VII.

Figure 1. *Kossmaticeras* (*Jacobites*) *Anderssoni* nov. sp., de Snow-Hill (p. 35).

Figure 2. *Kossmaticeras* (*Jocobites*) *Anderssoni* nov. sp., de Snow-Hill, montrant les tours internes.

Figure 3 a-3 b. *Kossmaticeras* (*Jacobites*) *Anderssoni* nov. sp., de Snow-Hill, montrant les tours internes (p.　).

Figure 4. *Kossmaticeras* (*Jacobites*) *Anderssoni* nov. sp., de Snow-Hill; modification de l'ornementation sur les tours externes (p. 35).

Figure 5. *Kossmaticeras* (*Jacobites*) *Anderssoni* nov. sp., de Snow-Hill; modification de l'ornementation sur les tours externes (p. 35).

PLANCHE VIII.

Figure 1. *Kossmaticeras* (*Gunnarites*) *antarcticum* St. Weller sp., de Snow-Hill (p. 31).

Figure 2. 　　　　»　　　　»　　　　»　　　　»　　　» , de la même localité.

Figure 3. *Kossmaticeras* (*Jacobites*) *Anderssoni* nov. sp., de Snow-Hill (ornementation des tours externes) (p. 35).

Figure 4 a-4 b-4 c. *Kossmaticeras* (*Jacobites*) *Anderssoni* nov. sp., var. *carinifera*, de Snow-Hill (p. 36).

Figure 5. *Kossmaticeras* (*Jacobites*) *Anderssoni* nov. sp. jeune montrant l'ornementation de tours internes. Snow-Hill (p. 35).

PLANCHE IX.

Figure 1. *Kossmaticeras* (*Gunnarites*) *antarcticum* St. Weller sp., var. *inflata* Kil. et Reb. — Echantillon adulte de Snow-Hill (p. 33).

PLANCHE X.

Figure 1. *Kossmaticeras* (*Gunnarites*) *antarcticum* St. Weller sp., variété renflée (var. *inflata*), de Snow-Hill (voir pl. IX, fig. 1) (p. 33).

Figure 2. *Kossmaticeras* (*Gunnarites*) *antarcticum* St. Weller sp., de Snow-Hill (p. 31).

Nota: A moins d'indication contraire, tous les fossiles représentés ici le sont en grandeur naturelle.

PLANCHE XI.

Figure 1. *Kossmaticeras (Gunnarites) antarcticum* St. Weller sp., var. *inflata* Kil. et Reb.,
de Snow-Hill (p. 33).
Figure 2. *Kossmaticeras (Gunnarites) antarcticum* St. Weller sp., de Snow-Hill (p. 31).
Figure 3 a, 3 b. *Kossmaticeras (Gunnarites) antarcticum* St. Weller sp., de Snow-Hill
(voir pl. VIII, fig. 1), face siphonale d'un jeune individu, montrant les cré-
nules des côtes (p. 31).
Figure 4 a, 4 b. *Kossmaticeras (Madrasites) Gunnari* nov. sp., de Snow-Hill (p. 31).

PLANCHE XII.

Figure 1. *Kossmaticeras (Jacobites) Anderssoni* nov. sp., de Snow-Hill (p. 35).
Figure 2.   »   *(Jacobites) Anderssoni* nov. sp., de Snow-Hill. Echantillons mon-
trant les épines ventrales.
Figure 3 a, 3 b. »   *(Gunnarites) antarcticum*, var. *Nordenskjöldi* nov. sp., de Snow-Hill
(p. 33).
Figure 4 a, 4 b. »   *Gunnarites antarcticum*, var. *Nordenskjöldi* nov. sp., de Snow-Hill.
Figure 5 a, 5 b. »   •   »   »   »   »   »

PLANCHE XIII.

Figure 1. *Kossmaticeras (Gunnarites) antarcticum* St. Weller sp., de Snow-Hill (p. 31).
Figure 2. *Kossmaticeras (Gunnarites) antarcticum* St. Weller sp. (fragment d'un chan-
tillon de très grande taille), de Snow-Hill (p. 31).
Figure 3. *Kossmaticeras (Gunnarites) Kalika* Stol. sp., de Snow-Hill (p. 34).
Figure 4.   »   *(Madrasites) Gunnari* nov. sp., de Snow-Hill (p. 31).

PLANCHE XIV.

Figure 1. *Kossmaticeras (Gunnarites) antarcticum* St. Weller sp., de Snow-Hill (p. 31).
Figure 2. *Kossmaticeras (Gunnarites) antarcticum* St. Weller, var. *Nordenskjöldi* Kil. et
Reb., de Snow-Hill (p. 33).
Figure 3. *Kossmaticeras (Madrasites) Bhavani* Stol. sp., var. *Seymouriana* Kil. et Reb.,
de Snow-Hill (p. 29).
Figure 4. *Kossmaticeras (Madrasites) Bhavani* Stol. sp. (jeune exemplaire), de Snow-Hill
(p. 29).

Nota: A moins d'indication contraire, tous les fossiles représentés ici le sont en grandeur naturelle.

PLANCHE XV.

Figure 1.   *Kossmaticeras (Madrasites) Theobaldianum* STOL. sp., var. *Snowhillensis* KIL. et
REB., de Snow-Hill (p. 28).
Figure 2.   *Kossmaticeras (Gunnarites) antarcticum* ST. WELLER sp., var. *Bhavaniformis*
KIL. et REB., de Snow-Hill (p. 33).
Figure 3.   *Kossmaticeras (Gunnarites) antarcticum* ST. WELLER sp., var. *Nordenskjöldi* KIL.
et REB. (Echantillon Pl. XIV, fig. 2, grossi 2 fois), de Snow-Hill (p. 33).
Figure 4 a-b.   *Kossmaticeras (Madrasites) Bhavani* STOL. sp., var. *densicostata* KIL. et REB.
de l'Ile Seymour (p. 30).

PLANCHE XVI.

Figure 1.   *Kossmaticeras (Gunnarites) antarcticum* ST. WELLER sp., var. *inflata*, de Snow-
Hill (voir Pl. XI, fig. 1) (p. 33).
Figure 2.   *Kossmaticeras (Gunnarites) antarcticum* ST. WELLER sp. adulte, de Snow-Hill.
Figure 3.   *Kossmaticeras (Jacobites) Anderssoni* nov. sp., de Snow-Hill (côté ventral d'un
jeune individu) (p. 35).

PLANCHE XVII.

Figure 1.   *Kossmaticeras (Grossouvrites) gemmatum* HUPPÉ sp. de l'Ile Seymour. Echantillon montrant une partie des tours externes (p. 38).
Figure 2 a-b.   *Kossmaticeras (Grossouvrites) gemmatum* HUPPÉ sp. de l'Ile Seymour (p. 38).
Figure 3 a-b.   *Kossmaticeras (Grossouvrites) gemmatum* HUPPÉ sp. de l'Ile Seymour. Tours
internes (p. 38).

PLANCHE XVIII.

Figure 1.   *Kossmaticeras (Madrasites) Bhavani* STOL. sp., var. *densicostata* KIL. et REB.,
Ile Seymour (p. 30).
Figure 2.   *Kossmaticeras (Seymourites) Loganianum* WHITEAVES sp. — (Echantillon grossi
2 fois) — de Snow-Hill (p. 40).
Figure 3.   *Kossmaticeras (Grahamites) Skidegatense* WHITEAVES sp. de Snow-Hill (p. 39).

Nota: A moins d'indication contraire, tous les fossiles représentés ici le sont en grandeur naturelle.

PLANCHE XIX.

Figure 1. *Kossmaticeras (Madrasites) Bhavani* STOL. sp., var. *Seymouriana* KIL. et REB.
— Ile Seymour (p. 29).
Figure 2. *Kossmaticeras (Madrasites) Bhavani* STOL sp., (autre échantillon du même gisement) (p. 29).
Figure 3. *Pachydiscus (Parapachydiscus)* aff. *Gollevillensis* D'ORB. sp., Ile Seymour (p. 43).

PLANCHE XX.

Figure 1. *Pachydiscus (Parapachydiscus)* aff. *Gollevillensis* D'ORB. sp. — Ile Seymour (p. 43).

Nota: A moins d'indication contraire, tous les fossiles représentés ici le sont en grandeur naturelle.

Table des matières.

ERRATA.

		lire	au lieu de
Page 1 —	Ligne 1 —	recueillis	recuilles
» 1 —	» 17 —	brillamment révisée	brillament réservée
» 3 —	» 16 —	Palaeontographie	Palaeontographes
» 8 —	» 20 —	voisin	voisine
» 8 —	» 22 —	Valenciennei	Valenciennesi
» 10 —	» 24 —	caractérisée	caractérisé
» 11 —	» 35 —	fort	fait
» 12 —	» 19 —	Horizon	Horizons
» 12 —	» 12 —	aux	au
» 13 —	» 1 —	indications	in-dications
» 13 —	» 15 —	d'Echantillon à cloisons	d'Echantillons; à cloisons
» 13 —	» 20 —	Gosaugebirge	Gosaugebilde
» 14 —	» 15 —	Tetragonites	Tetragodites
» 14 —	» 24 —	méditerranéen	méditerrannéen
» 14 —	» 27 —	*Pseudophyllites*	*Pseudophyllites*
» 14 —	» 29 —	Mesoz.	Mesos.
» 15 —	» 34 —	l'adoption	l'adoptien
» 16 —	» 17 —	du à	ou à
» 16 —	» 22 —	*Anisoceras*	*Anis*
» 17 —	» 8 —	la crosse	à crosse
» 17 —	» 33 —	*Bendanti*	*Bendanti*
» 17 —	» 34 —	dérive	dertve
» 18 —	» 38 —	Cretaceous	Cretaceous
» 19 —	» 14 —	sp.	p.
» 19 —	» 34 —	*Kossmaticeras*	*Kossmoticeras*
» 20 —	» 5 —	d'une	d'uue
» 20 —	» 32 —	celle	cette
» 21 —	» 1 —	*Kossmaticeras*	*Kossmaticeras*
» 21 —	» 9 —	Holcostephanidés	Holcostephanides
» 21 —	» 9 —	(*Astieria, Spiticeras*)	(*Astieria. Spiticeras*
» 21 —	» 17 —	Cette	Cdtte
» 21 —	» 27 —	division	divifsion
» 22 —	» 13 —	de *sillons*	de *à sillons*
» 23 —	» 3 —	présentent	presentant
» 23 —	» 17 —	un	uu
» 23 —	» 27 —	figurée	figurées
» 24 —	» 11 —	horizons	horisont
» 24 —	» 16 —	d'Aryaloor	d'Aryalor
» 24 —	» 16 —	Valudayur	Valudayoor
» 24 —	» 25 —	d'Aryaloor	d'Aryalor
» 24 —	» 25 —	Valudayur	Valudayoor
» 24 —	» 27 —	*Budhai*	*Buddai*
» 24 —	» 36 —	d'étudier	d'éludier

		lire :	au lieu de
Page 25 —	Ligne 7 —	niveau	nouveau
» 25 —	» 10 —	» avis, être rapportée	» rapportée
» 25 —	» 19 —	» *Karapadense*	» *Karapadensis*
» 25 —	» 40 —	» *Jacobites, l'Am.*	» *Jacobites l'Am*
» 26 —	» 12 —	» Jurassique	» Jurasique
» 26 —	» 34 —	» types	» type
» 27 —	» 4 —	» groupements	» groupement
» 27 —	» 12 —	» classiques	» classifiques
» 27 —	» 21 —	» certains	» certain
» 29 —	» 28 —	» c'est	» s'est
» 29 —	» 29 —	» spécialement	» specialement
» 30 —	» 13 —	» provisoire	» provisoirs
» 30 —	» 16 —	» de la Reine	» Reine
» 31 —	» 8 —	» d'échantillons	» déchantillons
» 33 —	» 34 —	» en	» an
» 35 —	» 10 —	» s'atténuant	» s'attenant
» 35 —	» 25 —	» ce	» se
» 36 —	» 8 —	» Valudayurbeds	» Valudayoorbeds
» 30 —	» 10 —	» groupes	» groupe
» 30 —	» 13 —	» prodigieuse	» prodigeuse
» 38 —	» 20 —	» à cette espèce	» de cette espéce
» 39 —	» 8 —	» tendance	» tendence
» 39 —	» 8 —	» former	» formes
» 39 —	» 10 —	» groupe	» groupes
» 39 —	» 19 —	» Pervinquière	» Perinquière
» 39 —	» 20 —	» et font voir	» font voir
» 39 —	» 21 —	» qui	» que
» 41 —	» 4 —	» sp.,	» sp
» 43 —	» 26 —	» *Lewesiensis*	» *Levesiensis*
» 44 —	» 12 —	» espèces	» espèce
» 44 —	» 24 —	» connue	» comme
» 44 —	» 36 —	» *Anisoceras*	» *Anicceras*
» 44 —	» 4 —	» d'un	» d'une
» 45 —	» 11 —	» Lytoceratidés	» Lytoceratités
» 43 —	» 14 —	» jusque	» jusques
» 45 —	» 12 —	» méditerranéen	» méditerrannéen
» 45 —	» 29 —	» remarquables	» remarquable
» 46 —	» 27 —	» anciens	» ancuus
» 47 —	» 16 —	» déterminée	» déterminé
» 47 —	» 32 —	» aux	» avec
» 48 —	» 31 —	» pétrographiques	» pétrographique
» 48 —	» 33 —	» Conifères	» Coniferes
» 49 —	» 3 —	» der	» den
» 49 —	» 19 —	» *Ostraea*	» *Ostrea*
» 49 —	» 23 —	» énumérations	» énumération
» 49 —	» 35 —	» mélangés	» mélangé
4ᵉ Colonne			
» 50 —	» 16 —	» Ootatoorgroups	» Ootatorgroups
» 50 —	» 19 —	» Ootatoorgroup	» Ootatorgroup
» 50 —	» 22 —	» Ootatoorgroup inférieur	» Ootatorgrouplinférieur
» 50 —	» 23 —	» Ootatoor	» Ootator
» 51 —	» 7 —	» l'Inde, Pondoland	» l'Inde Pondoland
4ᵉ Colonne			
» 51 —	» 15 —	» Ootatoorgroup	» Ootatorgroup

Page 51 — Ligne 25 — lire: Ootatoorgroup   au lieu de Ootatorgroup
 »   52 —   »   3 — » Stol,   »   Slol,
      5ᵉ Colonne
 »   52 —   »   18 — » Ootatoorgroup   »   Ootatorgroup
      4ᵉ Colonne
 »   53 —   »   9 — » *Lewesiensis*   »   *Lewesiensis*
      5ᵉ Colonne
 »   53 —   »   21 — » celles   »   celle
 »   53 —   »   21 — » que   »   qui
 »   53 —   »   26 — » collaborateurs; de   »   collaborateurs de
 »   54 —   »   6 — » pourvus   »   pourvues
 »   54 —   »   34 — » déterminations   »   détermination
 »   57 —   »   24 — » cette   »   celle
 »   57 —   »   38 — » échantillons   »   échantillon
 »   58 —   »   29 — » commencent   »   commeuceut
 »   58 —   »   30 — » ; on sait,   »   ; ont sait
 »   59 —   »   9 — » vient   »   viennent
 »   59 —   »   9 — » correspondant au   »   correspondant, au
 »   59 —   »   17 — » affinité   »   affinités
 »   60 —   »   7 — » Céphalopodes   »   Céphalopode
 »   60 —   »   2 — » lesquels   »   lesquelles
 »   60 —   »   17 — » Ootatoor   »   Ootator
 »   61 —   »   3 — » *Pachydiscus*, des   »   *Pachydiscus* des
 »   61 —   »   4 — » *Newberryanus*   »   *Newberryanus*
 »   62 —   »   6 — » Ootatoor   »   Ootator
 »   63 —   »   1 — » *indicus*   »   *indicum*
 »   63 —   »   1 — » *subcompressus*   »   *subcompressum*
 »   63 —   »   1 — » Forbes, des   »   Forbes des
 »   63 —   »   3 — » là   »   l'a
 »   63 —   »   4 — » Valudayoor   »   Valudayvor
 »   63 —   »   6 — » au   »   à
 »   63 —   »   6 — » Fondouk. (Alger)   »   Fondouk
 »   63 —   »   21 — » tout au   »   à tous les
 »   63 —   »   33 — » s'étendait   »   l'étendait
 »   64 —   »   8 — » méditerranéenne   »   méditerrannéenne
 »   64 —   »   8 — » *Barroisiceras*   »   *Barroi iceras*
 »   64 —   »   22 — » Snow-Hill   »   Snow-Hil.
 »   64 —   »   33 — » Ootatoor   »   Ootator
 »   65 —   »   18 — » **Europe**   »   **Eurupe**
 »   65 —   »   25 — » épanouis, ce   »   épanouis, mais ce
 »   66 —   »   25 — » figurés   »   figures
 »   67 —   »   8 — » *Jacobites*   »   *Jacobites*
 »   67 —   »   11 — » (p. 35)   »   (p.   )
 »   67 —   »   12 — » modification   »   modification
 »   67 —   »   23 — » jeune, montrant   »   jeune montrant
 »   67 —   »   23 — » des   »   de
 »   68 —   »   7 — » nelures   »   nules
 »   68 —   »   11 — » Echantillon   »   Echantillons
 »   68 —   »   18 — » *Gunnarites*   »   *Gunnarites*
 »   68 —   »   18 — » échan-   »   chan-
 »   69 —   »   6 — » *Gunnarites*   »   *Gunnarites*
 »   71 —   »   4 — » représentés   »   représentées

Stockholm. P. A. Norstedt & Söner 1909.

Fig. 8
Fig. 6
Fig. 7
Fig. 4
Fig. 3a
Fig. 2
Fig. 3
Fig. 1
Fig. 3b

Fig. 1

Fig. 1b

Fig. 1a

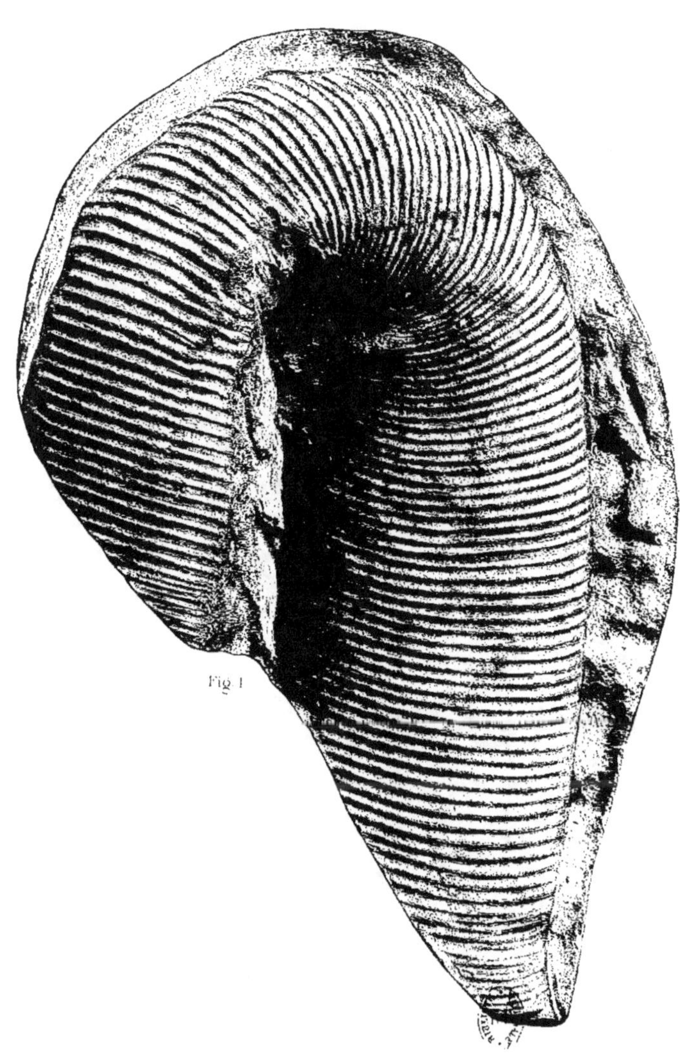

Fig 1

Fig. 1

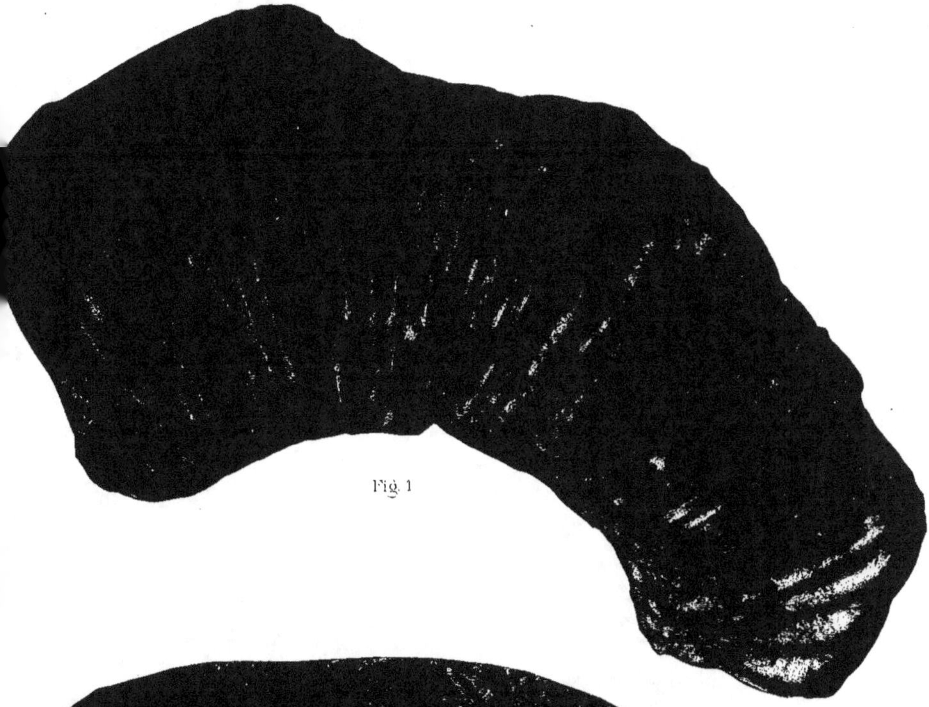

Fig. 1

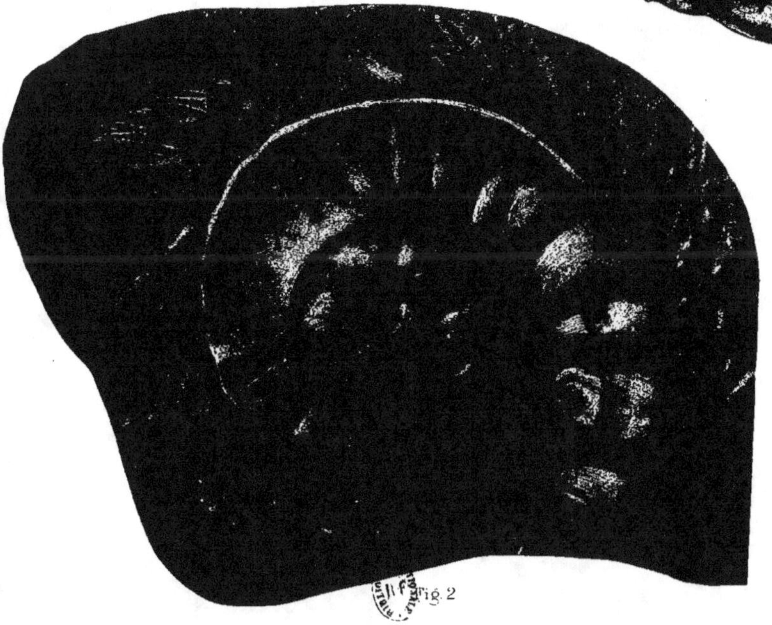

Fig. 2

Cliché Labor. Geol. Univ. Grenoble.   Ljustr. A. B. Lagrelius & Westphal. Stockh.

Fig. 1
Fig. 2
Fig. 3a
Fig. 4
Fig. 5

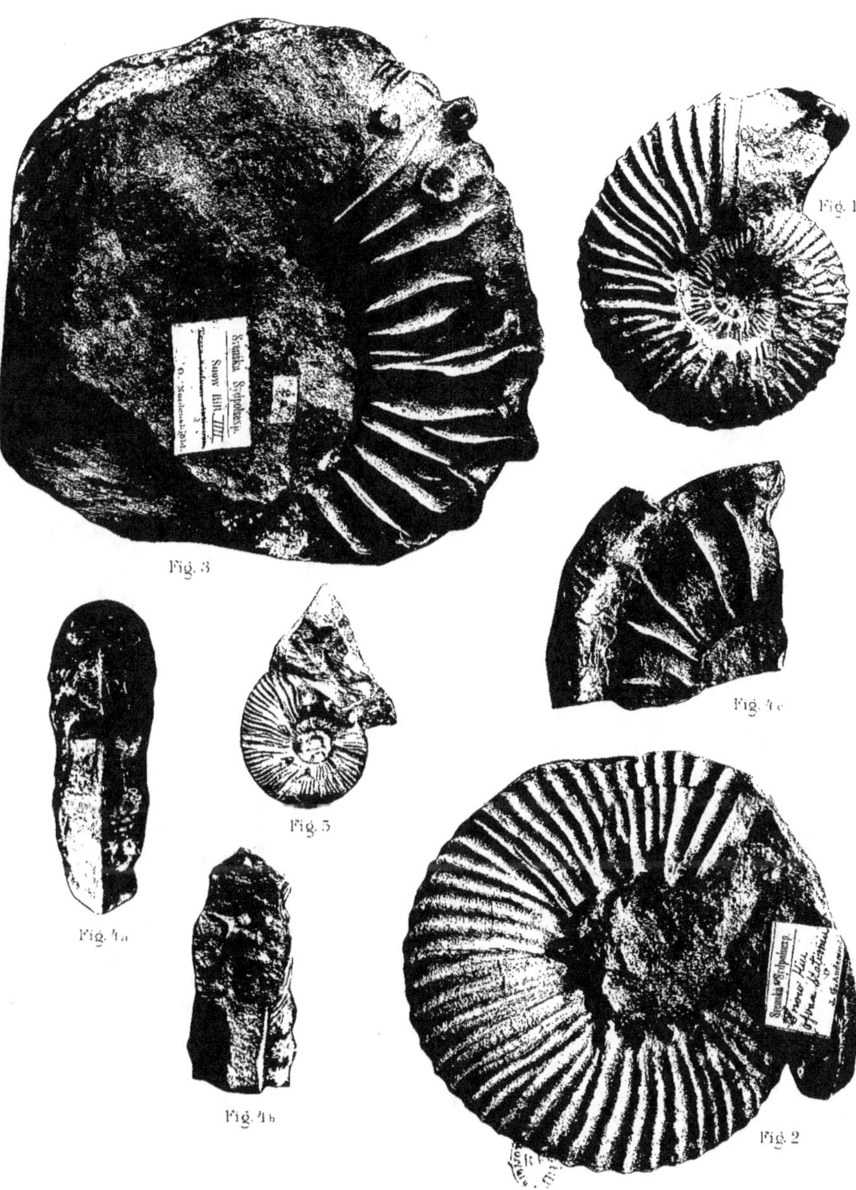

Fig. 1

Fig. 3

Fig. 4 c

Fig. 5

Fig. 4 a

Fig. 4 b

Fig. 2

Ljustr. A. B. Lagrelius & Westphal, Stockh.

Fig. 2

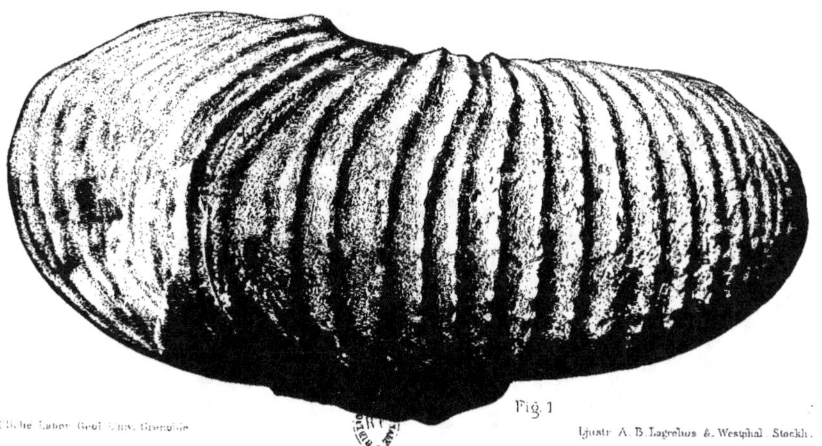

Fig. 1

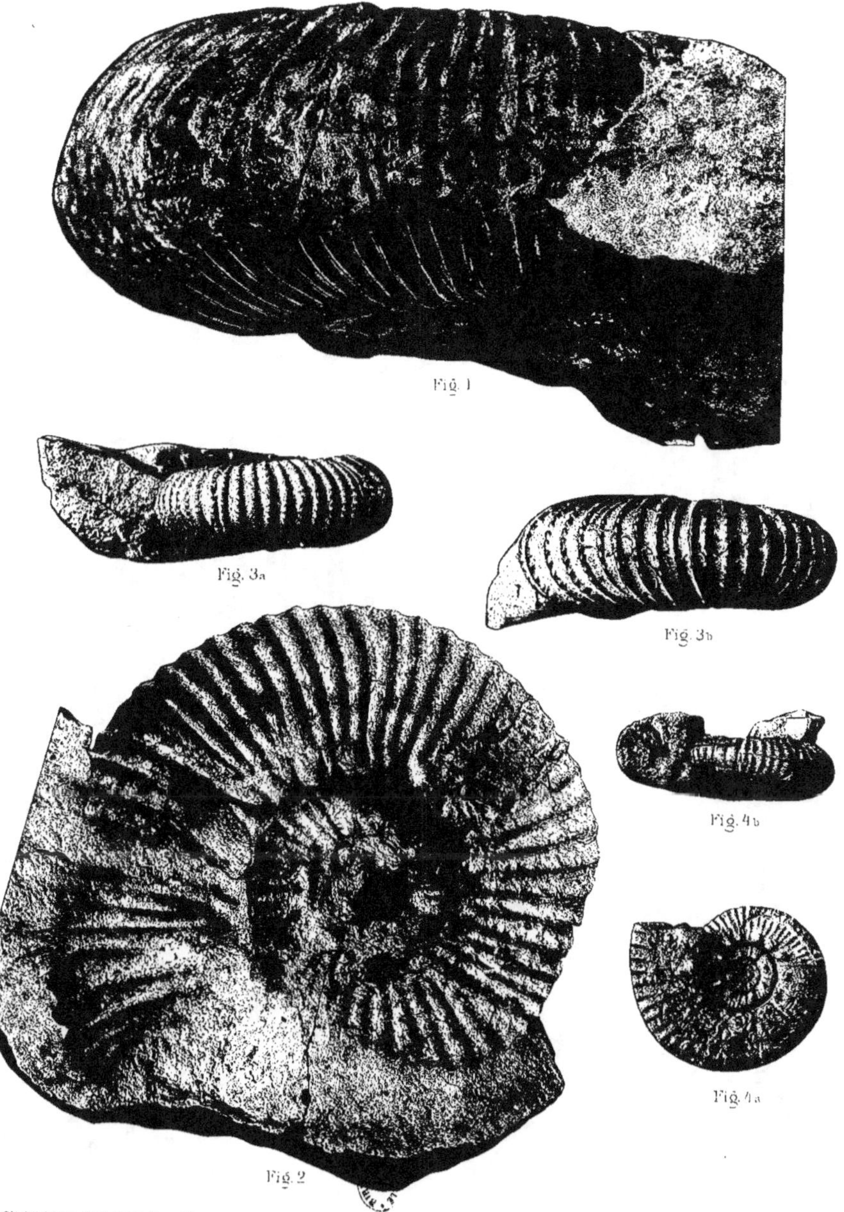

Fig. 1

Fig. 3a

Fig. 3b

Fig. 4b

Fig. 2

Fig. 4a

Cliché Labor. Geol. Univ. Grenoble
Ljusbr. A. B. Lagrelius & Westphal. Stockh.

Fig. 3a
Fig. 5b
Fig. 1
Fig. 4a
Fig. 5a
Fig. 2
Fig. 3b
Fig. 4b

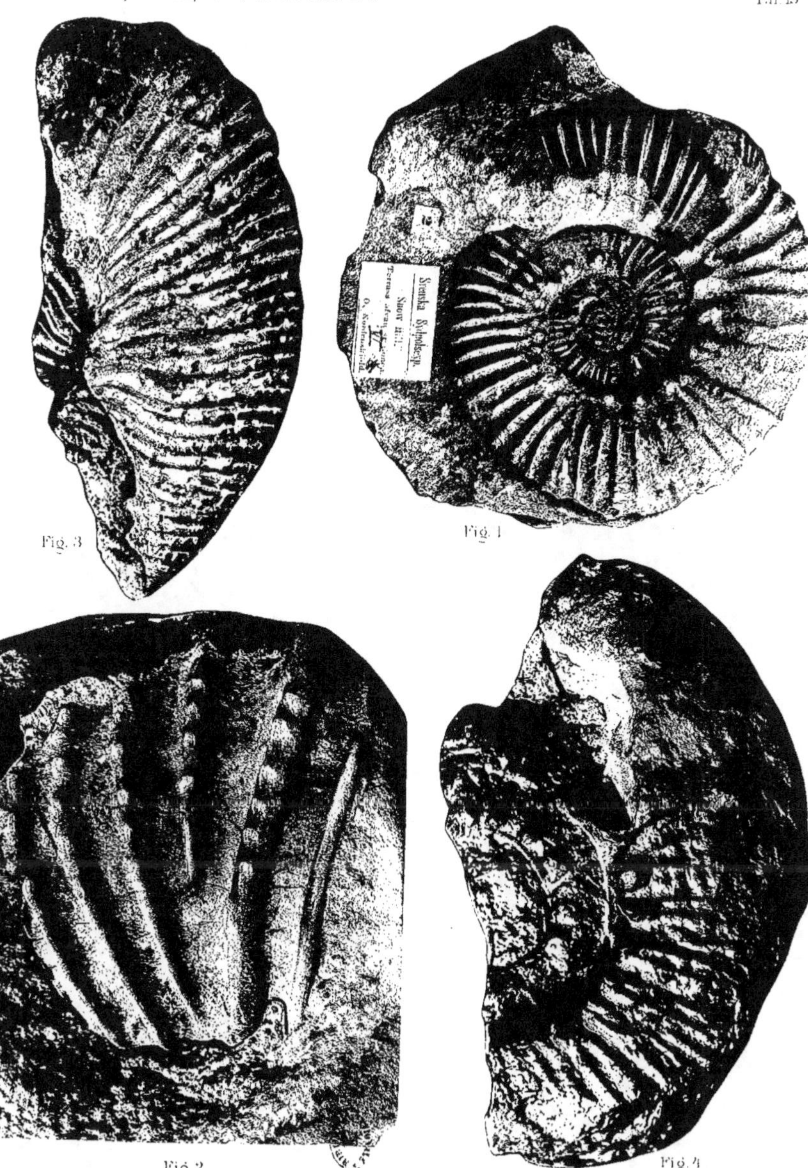

Fig. 3

Fig. 1

Fig. 2

Fig. 4

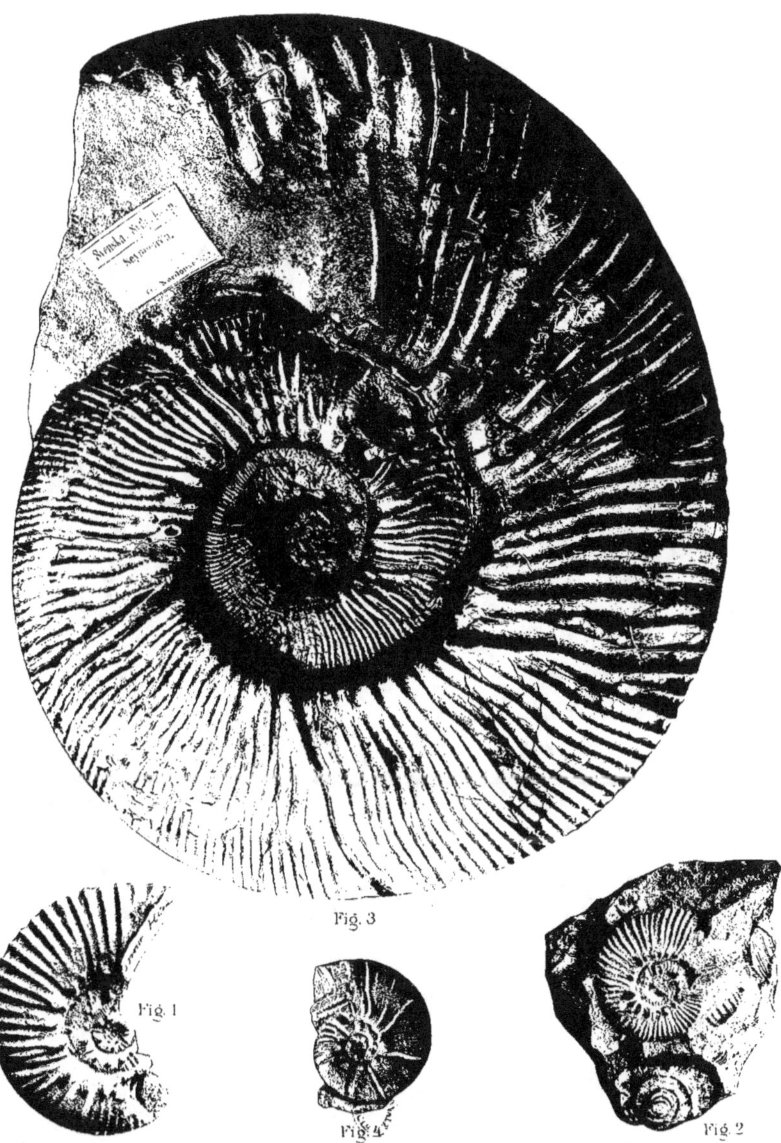

Fig. 3

Fig. 1

Fig. 4

Fig. 2

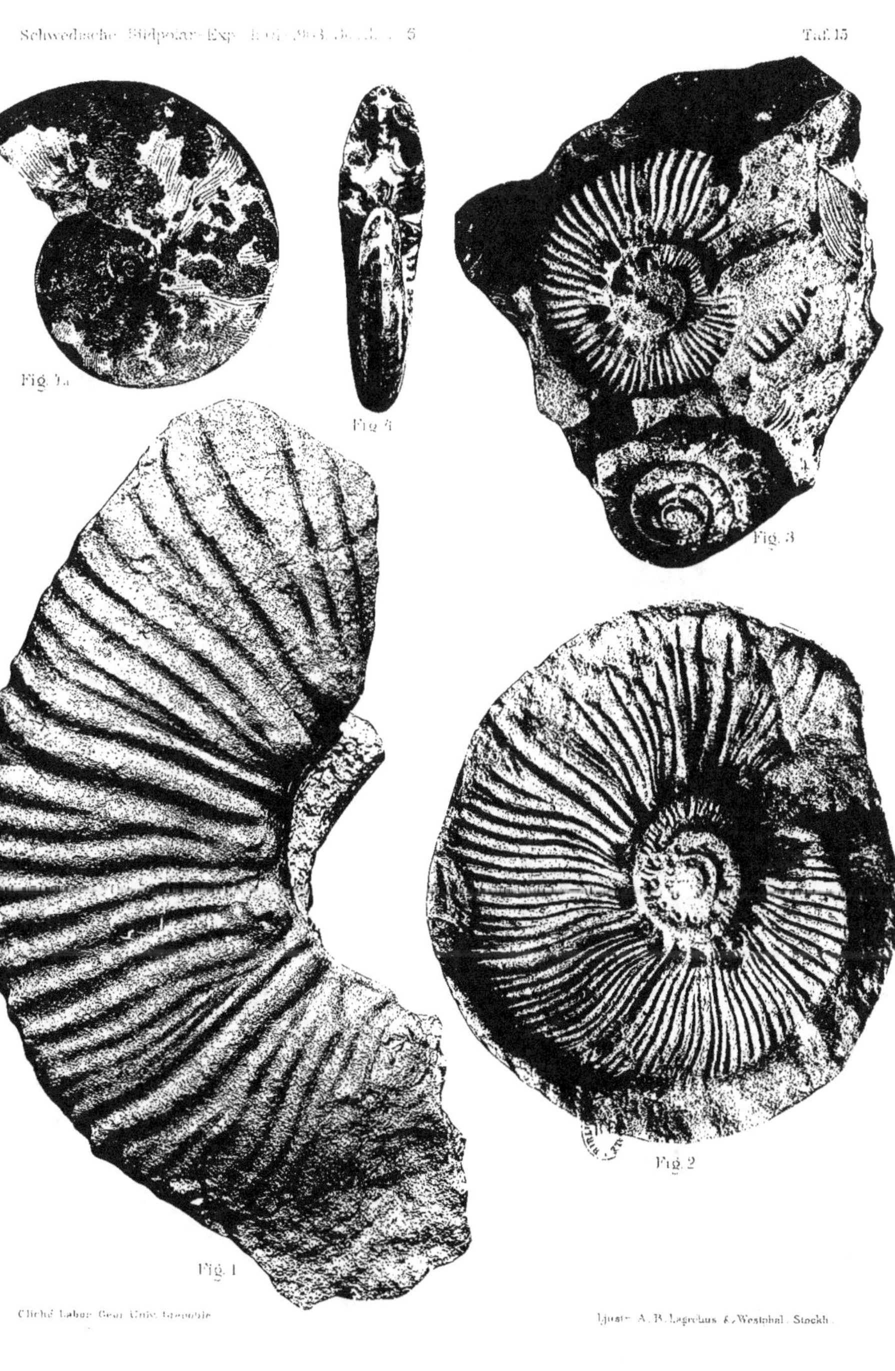

Fig. 1a

Fig. 4

Fig. 3

Fig. 1

Fig. 2

Fig. 1
Fig. 3
Fig. 2

Fig. 2b

Fig. 3b

Fig. 1

Fig. 2a

Fig. 3a

Cliché labor. Géol. Univ. Grenoble

Ljustr. A.-B. Lagrelius & Westphal, Stockh.

Fig. 2

Fig. 3

Fig. 1

Fig. 1

Fig. 2

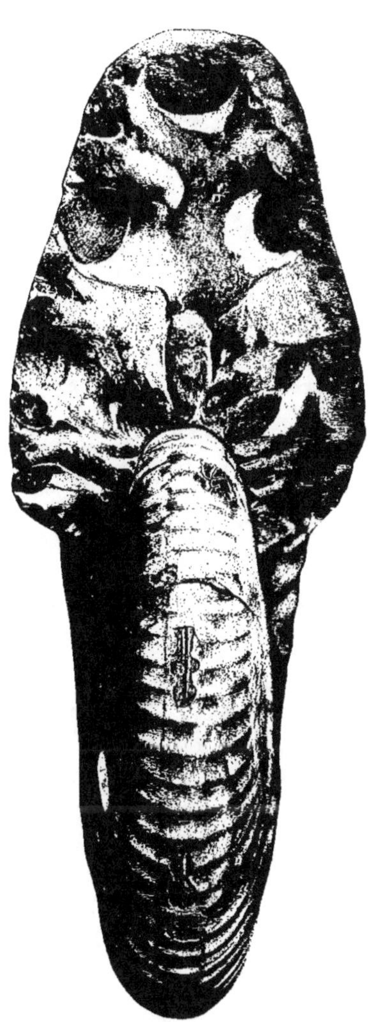

Fig. 3

Fig. 1.

Cliché Labor. Geol. Univ. Grenoble   Ljustr. A. B. Lagrelius & Westphal . Stockh .

Schwedische Südpolar-Expedition.

Dieses Werk erscheint in 7 Bänden und wird in Abteilungen, welche je eine Monographie enthalten, publiziert. Der Text ist auf etwa 3000 Druckseiten mit ca. 300 Tafeln sowie zahlreichen Textfiguren und Karten veranschlagt. Die Abhandlungen werden in deutscher, englischer oder französischer Sprache gedruckt.

Bis jetzt sind folgende Lieferungen erschienen:

Band I. **Reiseschilderung. Geographie. Kartographie. Hydrographie. Erdmag-netismus. Hygiene** etc.

    Lief. 1 und 2 (noch nicht gedruckt).

    Lief. 3 und 4. EKELÖF, E. Die Gesundheits- und Kranken-Pflege. — Über »Präserven-Krankheiten». Preis Mark 3.—.

Band II. **Meteorologie.**

    Lief. 1. BODMAN, G. Das Klima als eine Funktion von Temperatur und Windgeschwindigkeit. Mit 1 Tafel. Preis Mark 4.—. (Für Subskribenten auf das ganze Werk Mark 3.—).

    Lief. 2. BODMAN, G. Stündliche Beobachtungen bei Snow Hill. Mit 3 Tafeln und 1 Karte. Preis Mark 28.—. (Für Subskribenten Mark 22.—).

Band III. **Geologie und Paläontologie.**

    Lief. 1. WIMAN, C. Die alttertiären Vertebraten der Seymourinsel. Mit 8 Tafeln. Preis Mark 10.—. (Für Subskribenten Mark 8.—).

    Lief. 2. ANDERSSON, J. G. The Geology of the Falkland Islands. With 9 Plates and Maps. Preis Mark 10.—. (Für Subskribenten Mark 8.—).

    Lief. 3. DUSÉN, P. Die tertiäre Flora der Seymourinsel. Mit 4 Tafeln. Preis Mark 5.—. (Für Subskribenten Mark 4.—).

    Lief. 4. SMITH WOODWARD, A. On Fossil Fish-Remains. Mit 1 Tafel. Preis Mark 2.—. (Für Subskribenten Mark 1.50).

    Lief. 5. FELIX. J. Die fossilen Korallen. Mit 1 Tafel. Preis Mark 3.—. (Für Subskribenten Mark 2.—).

    Lief. 6. KILIAN, W., et REBOUL, P. Les Céphalopodes Néocrétacés. Avec 20 planches. Preis Mark 18.—. (Für Subskribenten Mark 15.—).

    Lief. 7. BUCKMAN, S. S. Fossil Brachiopoda (im Druck).

    Lief. 8. GOTHAN, W. Die fossilen Hölzer von der Seymour- und Snow Hill-Insel. Mit 2 Doppeltafeln. Preis Mark 5.—. (Für Subskribenten Mark 4.—).

Band IV. **Botanik.**

    Erste Abteilung:

    Lief. 1. STEPHANI, F. Hepaticæ. Preis Mark 1.50.

    Lief. 2. SKOTTSBERG, C. Feuerländische Blüten. Mit 89 Textfiguren. Preis Mark 6.25. (Für Subskribenten Mark 5.—).

    Lief. 3. SKOTTSBERG, C. Die Gefässpflanzen Südgeorgiens. Mit 2 Tafeln und 1 Karte. Preis Mark 4.—. (Für Subskribenten Mark 3.—).

    Lief. 4. SKOTTSBERG, C. Zur Flora des Feuerlandes. Mit 2 Tafeln und 1 Karte. Preis Mark 8.75. (Für Subskribenten Mark 7.—).

    Lief. 5. FOSLIE, M. Corallinaceæ. With 2 Plates. Preis Mark 4.—. (Für Subskribenten Mark 3.—).

    Lief. 6. SKOTTSBERG, C. Die Meeresalgen. I. Phæophyceen. Mit 10 Tafeln, 187 Textfiguren und 1 Karte. Preis Mark 16.—. (Für Subskribenten Mark 12.—)

(*Fortsetzung von Seite 3.*)

Lief. 7. EKELÖF, E.. Bakteriologische Studien. Mit 1 Tafel. Preis Mark 8.50. (Für Subskribenten Mark 6.50).

Preis der ersten Abteilung des Bandes IV: Mark 49.—. (Bei Subskription auf das ganze Werk Mark 38.—).

Zweite Abteilung:

Lief. 8. CARDOT, J. La flore bryologique. Avec 11 planches. Preis Mark 25.—. (Für Subskribenten Mark 20.—).

Lief. 9. SKOTTSBERG, C. Pflanzenphysiognomie des Feuerlandes (im Druck).

Lief. 10. SKOTTSBERG, C. Das Pflanzenleben der Falklandinseln (im Druck).

Band V. **Zoologie I.**

Lief. 1. ANDERSSON, K. A. Brutpflege bei Antedon hirsuta Carpenter. Mit 2 Tafeln.. Preis Mark 2.—.

Lief. 2. ANDERSSON, K. A. Das höhere Tierleben. Mit 10 Tafeln und 2 Karten. Preis Mark 13.—. (Für Subskribenten Mark 10.—).

Lief. 3. MICHAELSEN, W. Die Oligochæten. Mit 1 Tafel. Preis Mark 1.50.

Lief. 4. EKMAN, S. Cladoceren und Copepoden aus antarktischen und subantarktischen Binnengewässern. Mit 3 Tafeln. Preis Mark 4.—.

Lief. 5. LÖNNBERG, E. Die Vögel. Preis Mark 1.—.

Lief. 6. LÖNNBERG, E. The Fishes. With 5 Plates. Preis Mark 10.—. (Für Subskribenten Mark 8.—).

Lief. 7. LAGERBERG, T. Anomoura und Brachyura. Mit 1 Tafel. Preis Mark 4.—. (Für Subskribenten Mark 3.—).

Lief. 8. JÄDERHOLM, E. Die Hydroiden. Mit 14 Tafeln. Preis Mark 14.— (Für Subskribenten Mark 11.—).

Lief. 9. WAHLGREN, E. Die Collembolen. Mit 2 Tafeln. Preis Mark 4.—. (Für Subskribenten Mark 3.—).

Lief. 10. ANDERSSON, K. A. Die Pterobranchier. Mit 8 Tafeln. Preis Mark 14.—. (Für Subskribenten Mark 11.—).

Lief. 11. TRÄGÅRDH, I. The Açari. With 3 Plates and 56 Text-Figures. Preis Mark 4.50. (Für Subskribenten Mark 3.50).

Preis des ganzen Bandes V: Mark 72.—. (Bei Subskription auf das ganze Werk Mark 58.—).

Band VI. **Zoologie II.**

Lief. 1. STREBEL, H. Die Gastropoden. Mit 6 Tafeln. Preis Mark 9.—. (Für Subskribenten Mark 7.—).

Lief. 2. RICHTERS, F. Moosbewohner. Mit 1 Tafel. Preis Mark 3.—. (Für Subskribenten Mark 2.—).

Lief. 3. ZIMMER, C. Die Cumaceen (im Druck).

Band VII. **Zoologie III.**

Für Subskribenten, welche sofort den vollen Betrag einsenden, wurde der Preis noch weiter ermässigt und zu £ Sterl. 15.— (Mark 305, Francs 375) festgesetzt. Die Lieferungen werden in diesem Falle sofort beim Erscheinen den Subskribenten portofrei zugeschickt.

Stockholm. P. A. Norstedt & Söner 1909.

081744